ニュートン新書

化学 超入門！

すべては化学で
できている

桜井 弘＝監修

はじめに

「化学」と聞くと、苦い思い出がよぎる人もいるかもしれません。学生時代に、モルの計算に苦しめられたり、原子や分子、イオン結合、無機物、有機物といった難解なキーワードに悩まされたりした、という人は少なくないでしょう。化学なんて、自分が生きていくうえで必要ないのに、なぜ勉強しなくてはいけないんだ、と思うこともあったかもしれません。

でも、化学は決して、私たちの生活と無関係ではありません。私たちの身のまわりには、化学があふれています。普段使っているスマホやPC、車、電池、レジ袋、石けん、そして今あなたが手に持っているこの本の紙まで、みんな化学の結晶です。私たちが現在の豊かな生活を送れるのは、化学のおかげだといっても過言ではないのです。

化学は、価値の低い金属を、金などの貴重な金属につくりかえる「錬金術」から生まれました。現在の私たちの生活に欠かせないものの多くは、中世以前の錬金術時代の試行錯誤から発展した、化学の知識をもとに生み出されたものなのです。

化学は、あらゆる物質の構造や性質を解き明かす学問です。その主役は、原子や分子です。原子や分子がくっつきあったり、はなれたりして、さまざまな化学的な現象が引きおこされます。

本書では、原子や分子のレベルでやさしく化学の基礎を解説しています。本書を通して、化学は私たちの生活にとても身近にあり、とても楽しいものであることを実感いただければと思います。どうぞ化学の奥深い世界をお楽しみください。

目次

第4章　原子の結合と物質の構造　91

第5章　身のまわりにあふれるイオン　119

注：原子番号104番以降の元素の化学的性質はまだよくわかっていません。

データ出典
原子量：日本化学会原子量専門委員会が2022年に発表した4桁の原子量,『理科年表2022年度版』(丸善)

1族 2族 3族 4族 5族 6族 7族 8族 9族
第1周期 第2周期 第3周期 第4周期 第5周期 第6周期 第7周期
周期表の見方
原子番号
原子量
1.008
1
日本名
水素
元素記号
H
英名
Hydrogen
最外殻電子の数
：常温で気体
：常温で液体
：常温で固体
遷移元素
1 H Hydrogen
3 Li Lithium
4 Be Beryllium
11 Na Sodium
12 Mg Magnesium
19 K Potassium
20 Ca Calcium
21 Sc Scandium
22 Ti Titanium
23 V Vanadium
24 Cr Chromium
25 Mn Manganese
26 Fe Iron
27 Co Cobalt
37 Rb Rubidium
38 Sr Strontium
39 Y Yttrium
40 Zr Zirconium
41 Nb Niobium
42 Mo Molybdenum
43 Tc Technetium
44 Ru Ruthenium
45 Rh Rhodium
55 Cs Caesium
56 Ba Barium
57～71 ランタノイド
72 Hf Hafnium
73 Ta Tantalum
74 W Tungsten
75 Re Rhenium
76 Os Osmium
77 Ir Iridium
87 Fr Francium
88 Ra Radium
89～103 アクチノイド
104 Rf Rutherfordium
105 Db Dubnium
106 Sg Seaborgium
107 Bh Bohrium
108 Hs Hassium
109 Mt Meitnerium
57～71 ランタノイド
57 La Lanthanum
58 Ce Cerium
59 Pr Praseodymium
60 Nd Neodymium
61 Pm Promethium
62 Sm Samarium
89～103 アクチノイド
89 Ac Actinium
90 Th Thorium
91 Pa Protactinium
92 U Uranium
93 Np Neptunium
94 Pu Plutonium

図　元素の周期表

第1章

イントロダクション

化学と聞くと、自分たちとは関係のない、むずかしいものだ、という印象をもつ人も少なくないかもしれません。しかし、化学は決して、私たちに遠い存在のものではありません。化学は私たちの生活のさまざまな場面で活躍しているのです。この第1章では、化学とは何なのか、そして、私たちの身のまわりには、どんな化学がひそんでいるのかを見ていきましょう。

化学はもっとも身近な学問

「化学」という言葉を聞くと、何をイメージしますか？　白衣を着た研究者や、化学工場でしょうか。はたまた、学生時代に苦労した化学の授業を思い浮かべるかもしれませんね。

いずれにしても、私たちの身のまわりにある「何か」を思い浮かべることはあまりないことでしょう。

しかし、実際には、私たちの生活で使うさまざまなものは、化学によって生み出されたものです。スマホやＰＣ、車、衣料品に日用品まで……。みんな化学の成果です。私たちの現在の生活は、化学なくして成り立たないといえるでしょう。化学は、私たちの生活にもっとも身近な学問ともいえるのです。

そもそも化学とは何でしょうか？　それはずばり、「世の中のすべての物質の構造や性質を解き明かす学問」です。ですから、身のまわりのあらゆるものが化学の対象になるわけです。

具体的に、私たちの身のまわりで化学がどのように活躍しているのか、ここからいくつか例を見ていきましょう。元素や分子など、いくつか専門用語が出てきますが、くわしい説明は第2章以降でのべますので、ひとまずこの第1章は、気楽に読んでもらえればと思います。

スマホの中にはレアな元素がたくさん

最初に取り上げるのは、スマートフォンです。もはや「スマホなしの生活は考えられない！」という方も多いことでしょう。電話やメールをするだけでなく、地図を見たり、電車の時間を確認したり、音楽を聴いたり。動画を見たりと、現代人の必需品といえるかもしれませんね。

これほどまでにスマホが多機能かつ高性能なのは、「レアメタル」のおかげです。レアメタル（希少元素）というのは、地上に存在する量の少なさや、採掘方法のむずかしさなどから希少性が高いとされる、経済産業省が指定した金属元素の総称です。

具体的には、スマホのリチウムイオン電池の材料となるリチウム（Li）、スピーカーなどに使われているネオジム（Nd）、液晶ディスプレイに欠かせない透明な金属の材料となるインジウム（In）など、スマホにはさまざまなレアメタルが使われています。これらの元素の性質をうまく利用することで、スマホは高機能を実現しているのです。

もちろん、レアメタル以外にもたくさんの元素が使われています。たとえば、アップル社のｉＰｈｏｎｅなどのスマホの外装は、「アルミニウム」が含まれています。アルミニウムというのは、１円玉の主成分ですね。

アルミニウムは本来きらきら輝いて見えますが、時間がたつと酸素と反応して、白っぽい「酸化アルミニウム」という物質に変化してしまいます。このような反応を「酸化」（第４章で説明します）といいます。古い１円玉は不均一に酸化アルミニウムが表面をおおうため、くすんで見えます。ところが、スマホは長期間使っても、１円玉のように汚く見えることはありません。なぜアルミニウムが含まれているスマホの外装は、長く使ってもきれいなままに保たれるのでしょうか。

その答えは、意図的に酸化させたアルミニウムで、表面をおおっているからです。スマホの外装は、数マイクロメートルの厚さの均一な酸化アルミニウムでおおってあります（図1－1）。表面全体が酸化アルミニウムでおおわれていると、その下にあるアルミニウムは酸素と反応できず、守られます。これを「アルマイト加工」といいます。ムラなく酸化アルミニウムでおおわれているスマホの外装は、それ以上、酸化が進まず、きれいな光沢が保たれるのです。

スマホの画面にひそむ化学も簡単に紹介しておきましょう。スマホの画面はガラスでおおわれています。ガラスは、一般的に「二酸化ケイ素（シリカ）」と、「炭酸ナトリウム」などをまぜてつくられます。ミクロな構造を見ると、主成分であるケイ素原子（Si）と酸素原子（O）が並んで複雑な構造をとっています（図1－2）。

ガラスは硬いので、一見、普通の固体のように思えますが、内部の原子や分子は、液体のように不規則につながり、並んでいます。ガラスはいわば、固まった液体だといえるのです（非晶質やアモルファスといいます）。そのため、ガラスは、加熱しても、氷のように一定の温度で溶けずに、徐々に柔らかくなります。

これが、加熱して加工しやすいというガラスの性質につながっています。

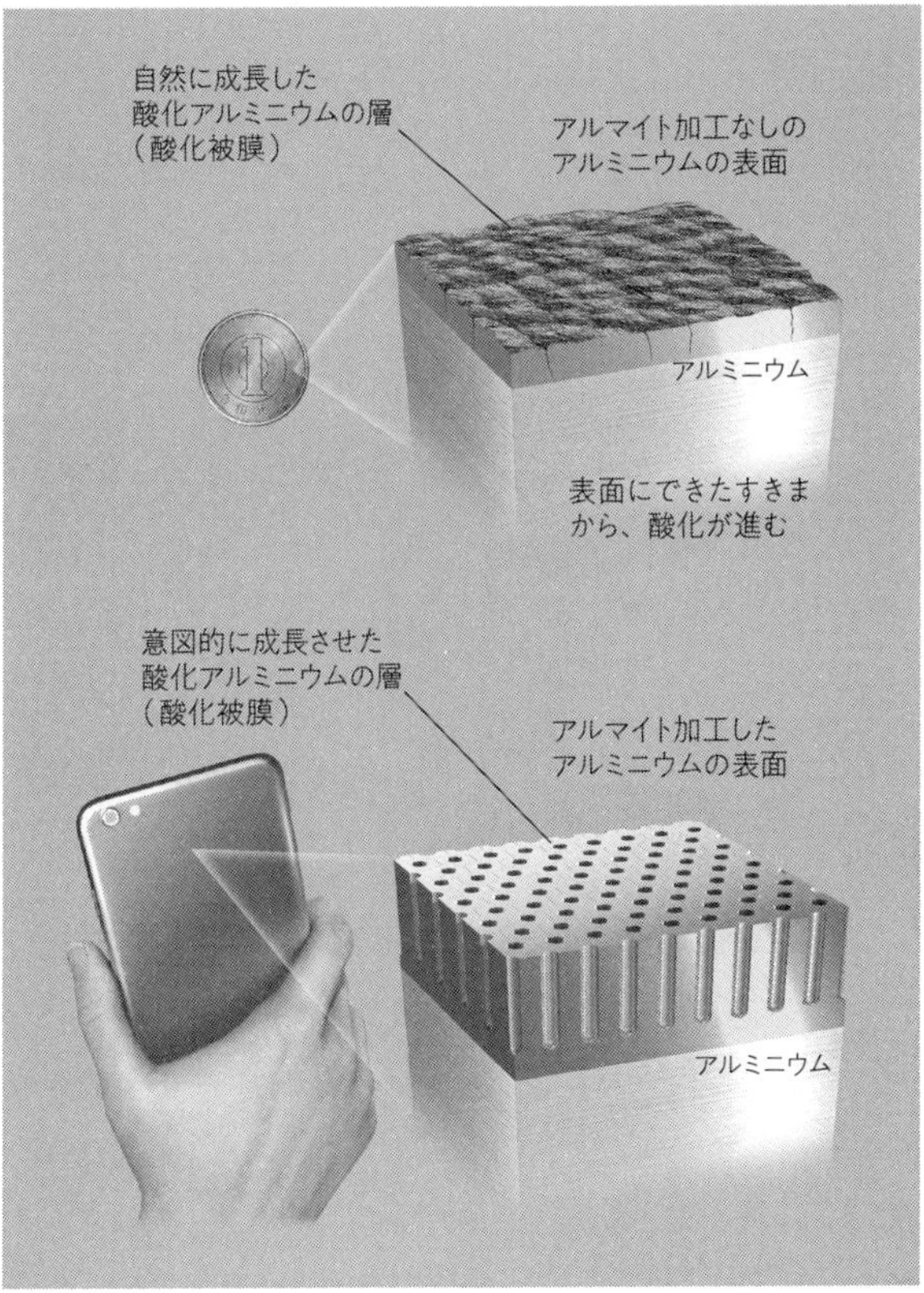

図1-1　1円玉の表面とスマホの表面　スマホの表面はあらかじめ均一な酸化アルミニウムでおおってある。

図1-2　ガラスの分子構造

色鮮やかな花火は、化学でつくる

　次に紹介する身近な化学は、花火です。夏の風物詩である、色とりどりの花火の色も、化学の力で生みだされています。

　花火がさまざまな色に輝くのは、花火玉に詰められたカルシウムやカリウム、バリウムなどのさまざまな「金属元素」のおかげです。金属元素は、燃やすと、元素ごとに特有の色の光を放つという性質があります。たとえば、バリウム（Ba）は黄緑、カルシウム（Ca）はオレンジ、カリウム（K）は紫、といった具合です。これを「炎色反応」といいます。

花火師は、これらの金属元素を含むさまざまな炎色剤を調合することで、さまざまな色を生みだしているのです。

色とりどりの花火が日本で見られるようになったのは、明治時代以降のことです。それ以前の江戸時代の花火は、今のようにカラフルではなく、黒色火薬の燃焼で生じる暗いオレンジ色の光が主だったといわれています。黒色火薬とは、硝石（硝酸カリウム、KNO_3）や硫黄（S）、木炭などをまぜあわせた火薬です。、私たちが赤・黄・青……とカラフルな花火を楽しめるのは、金属の炎色反応を利用するようになったからなのです。

プラスチックは細長い分子でできている

この章の最後に紹介するのはプラスチックの化学です。コンビニのレジ袋にペットボトル、そしてストロー……、私たちは毎日のようにプラスチックを利用しています。このプラスチックは、身近な化学の代名詞ともいえるでしょう。

ひとくちにプラスチックといっても、化学的にはさまざまな種類があります。代表的なのは、レジ袋などに使われる「ポリエチレン」と、ストローなどに使われる「ポリプロピレン」です。

まず、ポリエチレンは、「エチレン」という小さな分子からつくります。エチレンの分子は、2個の炭素原子が〝2本の手〟でつながっています。これを「二重結合」といいます。この2本の手のうち、一方の手を解くことで、となりあうエチレンどうしをつなげることができます。こうして、たくさんのエチレンを鎖のように次々とつなげたものがポリエチレンです（図1-3）。

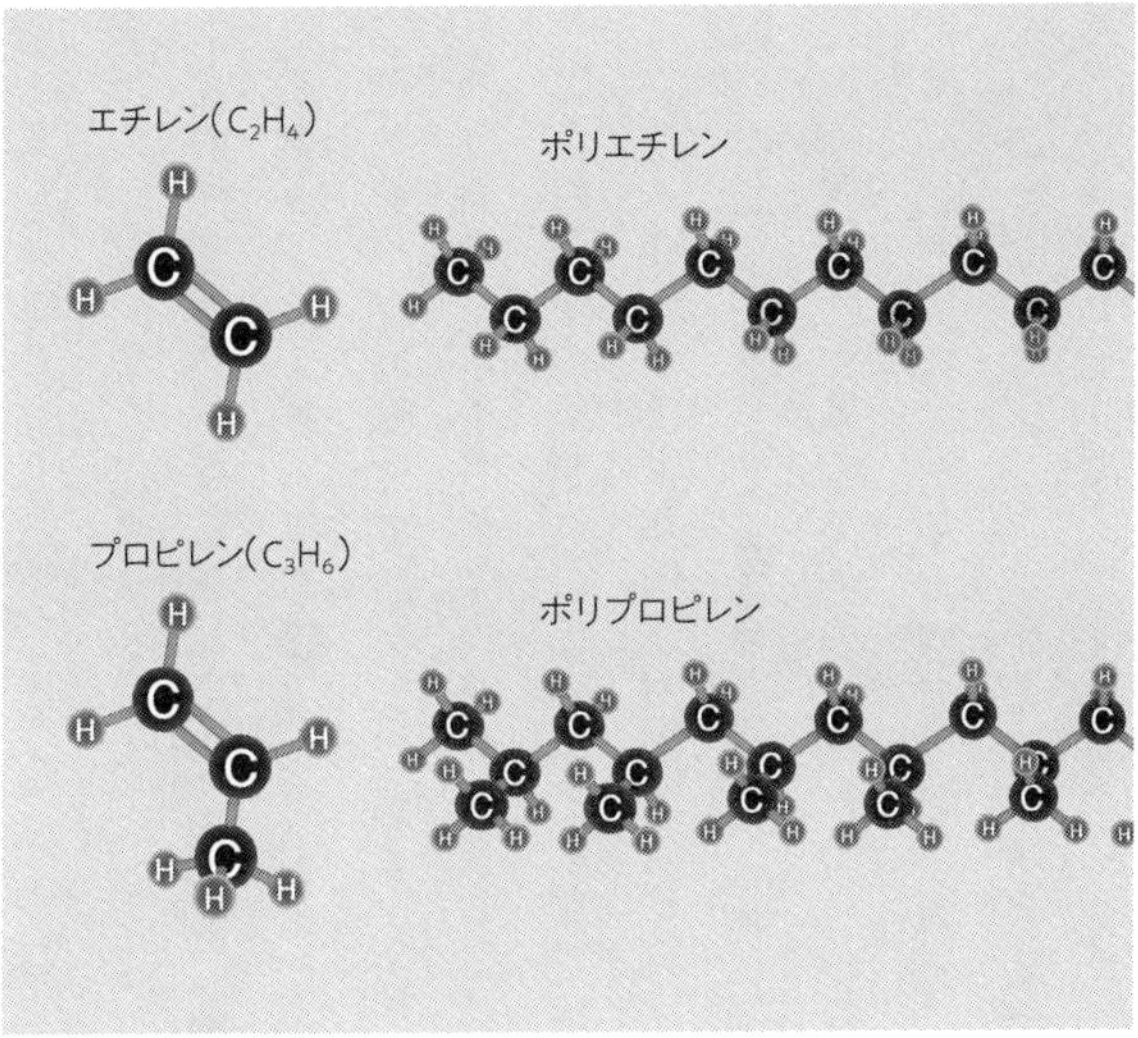

図1-3　ポリエチレンとポリプロピレン

　このようにプラスチックは、小さな部品を鎖状にたくさんつなげて合成されます。これはポリプロピレンも同様です。ポリプロピレンは、先ほどのエチレンのかわりに、「プロピレン」を次々に鎖状につなげたものです。ポリプロピレンはポリエチレンよりも高い温度に耐えることができるのが特徴です。

　さて、最近では、プラスチックの環境汚染を理由に、レジ袋が有料になりました。プラスチックは自然界ではなかなか分解されないため、問題となっているのです。流出したプラスチックが海や川をただよい、そこに暮らす生物の体を傷つけるなどします。また、細かな粒子にくだかれて海洋に流れこんだマイクロプラスチックが健康に害をあたえるのではないかという懸念もあります。プラスチックは軽くて耐久性が高く、とても使い勝手がよいものではありますが、その反面で、さまざまな問題も引きおこしているのです。どうすれば、プラスチックによる環境汚染を食い止めることができるでしょうか。

プラスチックによる環境汚染を防ぐ方法の一つとして、化学者たちが取り組んでいるのが「生分解性プラスチック」の研究です。

生分解性プラスチックとは微生物などの生き物が分解できるプラスチックのことです。代表的な生分解性プラスチックに、「ポリ乳酸」があります。これは、トウモロコシなどのデンプンからつくられる「乳酸」を、たくさんつなげたプラスチックです。ポリ乳酸は、土壌などに生息する一部の微生物が分解できるため、通常の

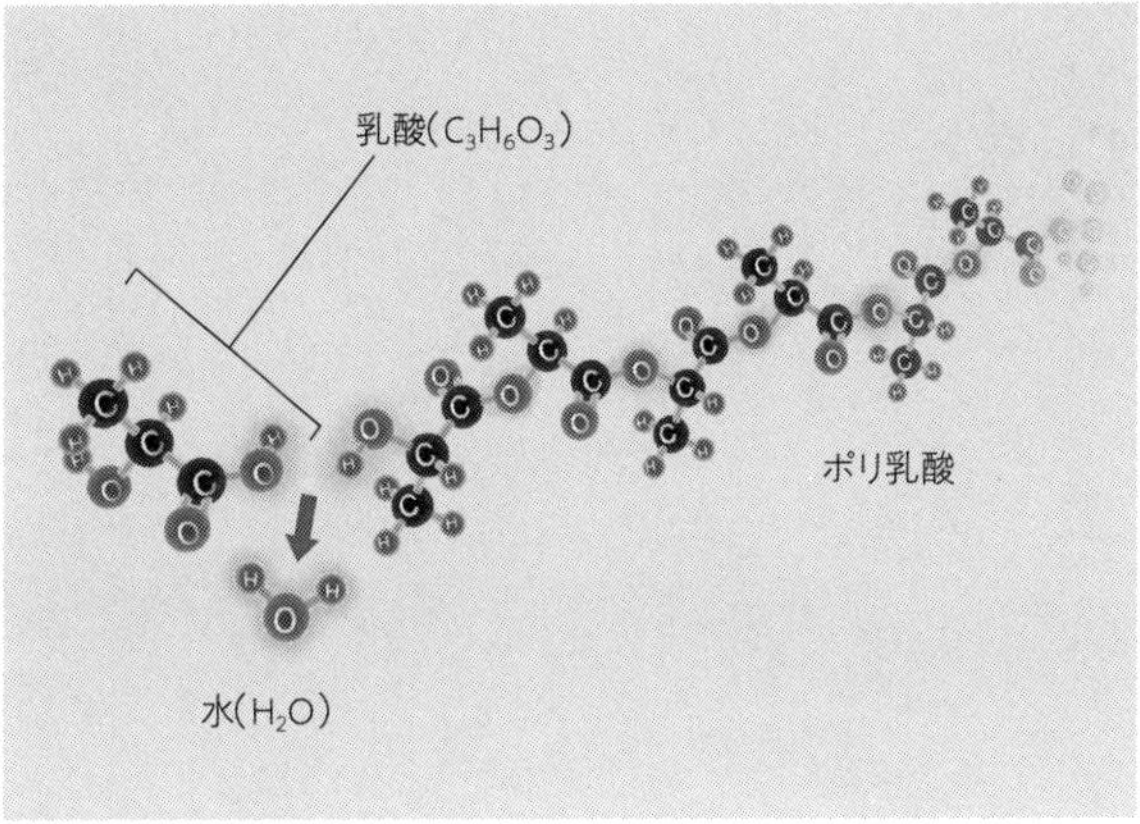

図1-4　ポリ乳酸

プラスチックよりも自然にやさしいと考えられるのです。ただし、これで問題解決ではありません。

ポリ乳酸を単に土に埋めたり海に捨てたりしただけでは、数か月、あるいは年単位の時間をかけても、完全には分解されないこともあると見られています。急速に分解するには、約60℃に加熱するなどの特別な条件が必要なのです。そのため、より自然に分解が進むプラスチックを開発するために、研究が進められています。

この章で見てきたように化学は、私

たちの生活を豊かにしてきました。さらに私たちが現在抱えているさまざまな問題を解決する可能性をも秘めているのです。

第2章

すべての物質は「原子」でできている

あらゆる物質は原子でできています。物質の構造や性質を探求する化学において、原子についてよく知ることは欠かせません。19世紀～20世紀にかけて原子の存在や、その構造が明らかにされたことで、さまざまな物質の性質が説明できるようになりました。20世紀に活躍した物理学者、リチャード・ファインマン（1918～1988）は、次のようなことをのべています。「もしも今、大異変がおき、科学的な知識がすべてなくなってしまい、たった一つの文章しか次の時代の生物に伝えられないとしたら、それは『すべてのものはアトム（原子）からできている』ということだろう」と……。「原子」とはいったいどういうものなのでしょうか。この第2章では、その正体にせまっていきましょう。

原子の大きさは1000万分の1ミリメートル

中学校や高校で習った方も多くいると思いますが、世の中のすべての物質は「原子」というきわめて小さな粒からできています。空気も地球も生物も、あらゆるものは大量の原子で構成されているのです。当然、私たちの体も原子のかたまりです。でも、自分の体が小さなツブツブでできているなんて、そのように感じたことがある方はまずいないでしょう。

原子の存在を感じることがむずかしいのは、原子があまりに小さいからです。平均的な原子の大きさはわずか１０００万分の１ミリメートルほどです。ゼロを並べると、０・０００００００１ミリメートルです。

あまりに０が多くて、どれくらいの大きさなのか実感するのがむずかしいかもしれませんね。たとえば、ゴルフボールを地球の大きさに拡大したとしましょう。このとき、ゴルフボールを構成していた原子はいったいどれくらいの大きさになると思いますか。野球場くらいでしょうか、いやサッカーボールくらいでしょうか。

実は、ゴルフボールを地球サイズに拡大すると、原子１個はちょうど元のゴルフボールと同じくらいの大きさになります。すなわち、ゴルフボールと原子１個の大きさをくらべることは、地球とゴルフボールの大きさをくらべることに等しいわけです（図2－1）。原子がいかに小さいか、少しは実感できたでしょうか。

原子が小さいということは、日常目にする物体には、膨大な数の原子や分子が詰まっているということになります。たとえば、小さじ1杯（5ミリリットル）の水に含まれる水分子はどれくらいだと思いますか。1億個くらいでしょうか。はたまた1京個くらい？

原子や分子の数は、それくらいの桁では全然足りません。小さじ1杯に含まれる水分子（酸素原子1個＋水素原子2個）の数は、なんと1.7×10^{23}個程度にもなります。これは、17億個の10億倍の10万倍です。

地球の全人口は約8×10^{9}人（約80億人）。太陽系が属す天の川銀河には10^{11}個（1000億個）程度の恒星（太陽のようにみずから輝く星）が存在します。この一つ一つの恒星に地球のような惑星があり、地球と同じ数だけ人間が住んでいると仮定しても、まだ8×10^{20}人にしかなりません。小さじ1杯の水に含まれる分子の数

図2-1　地球、ゴルフボール、原子のサイズの比較　地球の大きさまでゴルフボールを拡大したとき、元のゴルフボールの大きさが原子に相当する（地球の直径：ゴルフボールの直径 ≒ ゴルフボールの直径：原子の直径）。

は、さらにこの数の２００倍程度も大きいのです。

２０００年以上前に原子の探求がはじまった

　これほどまでに小さな原子ですから、どれだけじっくり手の平をながめてみても、当然、小さなツブツブが見えてくるわけはありません。最先端の超高性能な電子顕微鏡を使って、ようやくおぼろげに姿が見えてくる程度です。見ることも感じることもできない原子は、どうやってその存在が明らかになったのでしょうか。その歴史をしばらく振りかえってみましょう。

現在では原子の存在は、中高生でも知っている当たり前の事実だといえます。しかし原子の存在を大多数の科学者が受け入れたのは、ほんの100年程前のことです。紀元前の昔から、原子が存在するのかどうか、科学者たちは議論をつづけてきたのです。

物質をどんどん分割していったら、最後はどこにいきつくのか？　今から約2500年前、ギリシアの哲学者たちは、この世界をつくる「万物の根源」について思いをめぐらせていました。中でも哲学者のデモクリトス（前460ころ～前370ころ）は、万物は微小な粒子からできている、ととなえ、その粒子を「atom（原子）」とよびました。atomとは、ギリシア語で「それ以上分割できないもの」という意味です。紀元前の大昔から、あらゆるものが小さな粒でできている、という考えはすでに存在していたわけです。

しかし、このような「原子説」に反対する考え方もありました。その代表が、哲学者のアリストテレス（前３８４～前３２２）などが支持した「四元素説」です。四元素説では、「万物は空気・水・土・火の四元素の組み合わせでできている」と考えます。これらの元素は粒子であるとは考えられておらず、原子説とは相容れないものでした。原子説と四元素説のどちらが正しいのか、その答えは、それから長い間、出ませんでした。

ギリシアの哲学者たちの考え方は、ローマ、エジプトをへて９～10世紀ころにはアラビア半島に伝わり、価値の低い物質から価値の高い物質、たとえば金や不老長寿の薬などをつくる「錬金術」を生みだしました。錬金術の考え方は「実験」をもとにしたことが重要でした。現在、実験で使うガラス製のビーカーやフラスコなどは、錬金術の時代にルーツをもっていることからも納得できますね。この「実験する精神」が再びヨーロッパにもたらされて、17世紀のはじめころから気体など物質の実験がはじまり、新しい成果をどんどん生みだしました。

たとえば、１６６９年に、ドイツの錬金術師の一人であったヘニッヒ・ブラント（１６３０？～１６９２）は、人の尿を集めて、元素のリン（Ｐ）を発見しました。生物体から実験によりはじめて元素が発見されました。この発見は、多くの人々に自然界や生物界から元素を発見できる可能性を示した重要な例となりました。

18世紀になると、先ほど紹介した「原子説」と「四元素説」に決定的な影響をあたえる人物が登場します。それがフランスの化学者、アントワーヌ・ラボアジエ（１７４３～１７９４、図２－２）です。ラボアジエは、四元素の一つとされていた水に注目し、さまざまな実験を重ねました。そして、酸素と水素をまぜて火をつけると水が生じること、そして逆に、水を分解すると酸素と水素が生じることを発見しました。これらの実験結果は、水が水素と酸素が結合してできたものであり、水自体は、「分割することのできない元素」ではないことを意味していました。

こうしてラボアジエは、ギリシア時代から信じられてきたアリストテレスの四元素説を否定したわけです。さらに、ラボアジエは、あらゆる手段をつくして実験してもそれ以上に分解できない物質を元素とし、33種の元素からなる元素表を１７８９年に発表しました。この元素表には、水素や酸素に加えて、「光」や「熱」も元素として含まれていました。

ラボアジエによって提案された新しい元素の考え方を飛躍させたのが、イギリスの物理学者で化学者でもあったジョン・ドルトン（１７６６～１８４４）です。ドルトンは、１７９９年にジョセフ・プルースト（１７５４～１８２６）によって発表された化学反応におけるある発見に着目しました。それが、「定比例の法則」です。これは、「一つの化合物を構成する元素どうしの質量の比は、生成方法によらず、常に変わらな

図2-2　アントワーヌ・ラボアジエ

い」というものです。

具体的に説明しましょう。たとえば、重さ1の水素に対しては、重さ8の酸素が反応して、水ができます。重さ2・5の水素なら、酸素の重さは20です。このように水素：酸素の質量比は、いつも必ず1：8になるのです（なおドルトンは1：7としていました。これは測定の誤差によるものです）。この法則からドルトンはこう考えました。「各元素は、ある決まった質量をもつ粒子の集まりである。この粒子を原子とよぼう。化合物は、原子が結合することでつくられる」。

ドルトンはこの考えのもとに、各原子の質量を推定しました。そして水素原子の質量を1としたときのそれぞれの原子の質量を「原子量」とよび、その値を発表したのです。この原子量という考え方は、現在にも受けつがれています。また、ドルトンは世界ではじめて、原子の記号も考案しました[*1]（図2-3）。このように彼は、原子に質量の概念を取り入れて「原子説」を打ちたてました。

ドルトンの原子説によって、原子が質量をもつ実体として、はじめて認識されるようになりました。また、さまざまな化学反応を解釈するのにドルトンの原子説はとても都合がよいものでした。こうして、多くの科学者が原子説を受け入れるようになりました。

ただし、ドルトンは原子が本当に存在しているのかどう

＊1　現在の周期表で使われているアルファベットを用いる元素記号は、イェンス・ベルセーリウス（1779〜1848）が1814年に提案しました。

記号	原子量（かっこ内は現在のもの）	記号	原子量（かっこ内は現在のもの）
水素	1 (1.008)	鉄	38 (55.845)
窒素	5 (14.007)	亜鉛	56 (65.38)
炭素	5 (12.011)	銅	56 (63.546)
酸素	7 (15.999)	鉛	95 (207.2)
リン	9 (30.974)	銀	100 (107.868)
硫黄	13 (32.065)		
カリウム	42 (39.098)		

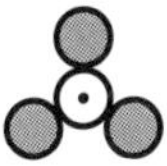

左は、ドルトンがあらわしたアルコール（エタノール）。当時は水素1個と炭素3個でできていると考えていたことがわかる（実際はC_2H_6O）。

図2-3　ドルトンが考えた原子の記号と原子量

かをきちんと証明したわけではありません。目には見えない原子の存在が実際に証明されるのは、それからさらに100年も先のことです。

ついに原子の証拠を発見

原子の存在を証明する鍵となったのは、1827年に、イギリスの植物学者、ロバート・ブラウン（1773～1858）が発見した、ある不思議な現象です。ブラウンは花粉を水中に入れて顕微鏡で観察すると、花粉が不規則に動き回ることを発見したのです（図2－4）。さらにブラウンは、チョークの粉など、さまざまな微粒子が水中で同様の運動をすることに気づきました。この運動をブラウン運動といいます。なぜ水中の微粒子が不規則に動き回るのか、その理由はすぐにはわかりませんでした。

ブラウン運動の発見から、80年後、この不思議な現象と原子（分子）を結びつけたのは、天才物理学者のアルバート・アインシュタイン（１８７９〜１９５５）です。アインシュタインは、ブラウン運動がおこるしくみについて、「不規則に運動するたくさんの水分子が四方八方から微粒子に衝突して、微粒子が動く」という説をとなえたのです。アインシュタインはこの考えにもとづいて、ブラウン運動する微粒子の移動のしかたを示す式「アインシュタインの関係式」をみちびきました。

　このアインシュタインの関係式は、フランスの科学者、ジャン・ペラン（１８７０〜１９４２）によって検証実験が行われました。ペランは、微粒子のサイズや水の温度を綿密に調整して、ブラウン運動による微粒子の運動をくわしく計測しました。その結果、アインシュタインの関係式、引い

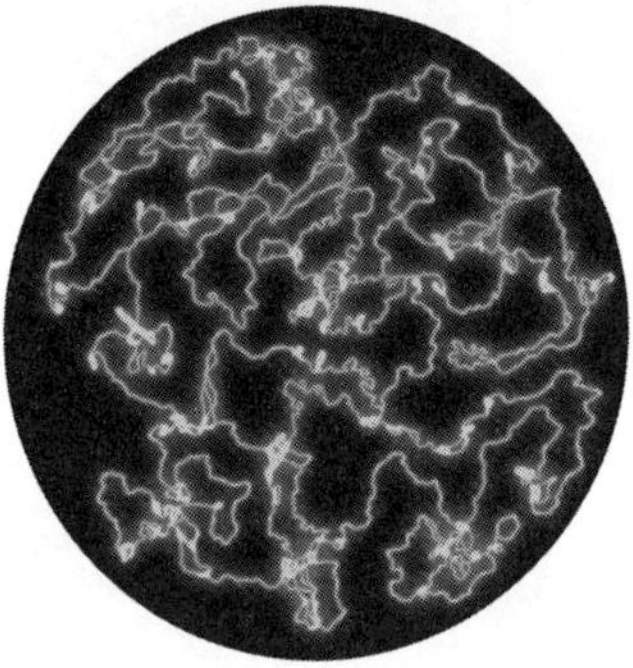

図2-4　微粒子のブラウン運動

てはアインシュタインの考えが正しいことが明らかになりました。水中にはたしかに無数の水分子が存在しており、微粒子は水分子にぶつかって動いていたのです。さらにペランの実験によって、水分子の数についての情報も得られました。こうして、分子、そして分子を構成する原子の存在が科学的に示されたと多くの科学者が認めるようになりました。ペランは、この業績により、１９２６年にノーベル物理学賞を受賞しています。２０００年以上にわたる原子をめぐる議論は、こうしていったん決着をみたのです。

すべての原子は3種類の粒子でできている

ドルトンの原子説以降、原子は長らく「物質の最小単位」であり、それ以上分割できない粒子だと思われていました。しかし、19世紀末～20世紀前半にかけて、原子の中により小さな粒子が存在していることが明らかになりました。原子は、それ以上分割のできない最小の粒子ではなかったのです。では、原子とはどういう構造をしているのでしょうか。科学者たちがあばいた原子の姿を見てみましょう。

まず、原子の中心には「原子核」があります。この原子核はさらに「陽子」と「中性子」という2種類の粒子に分割できます（図2－5）。陽子はプラスの電気を帯びており、中性子は電気的に中性です。ですから、原子核は全体として、プラスの電気を帯びてい

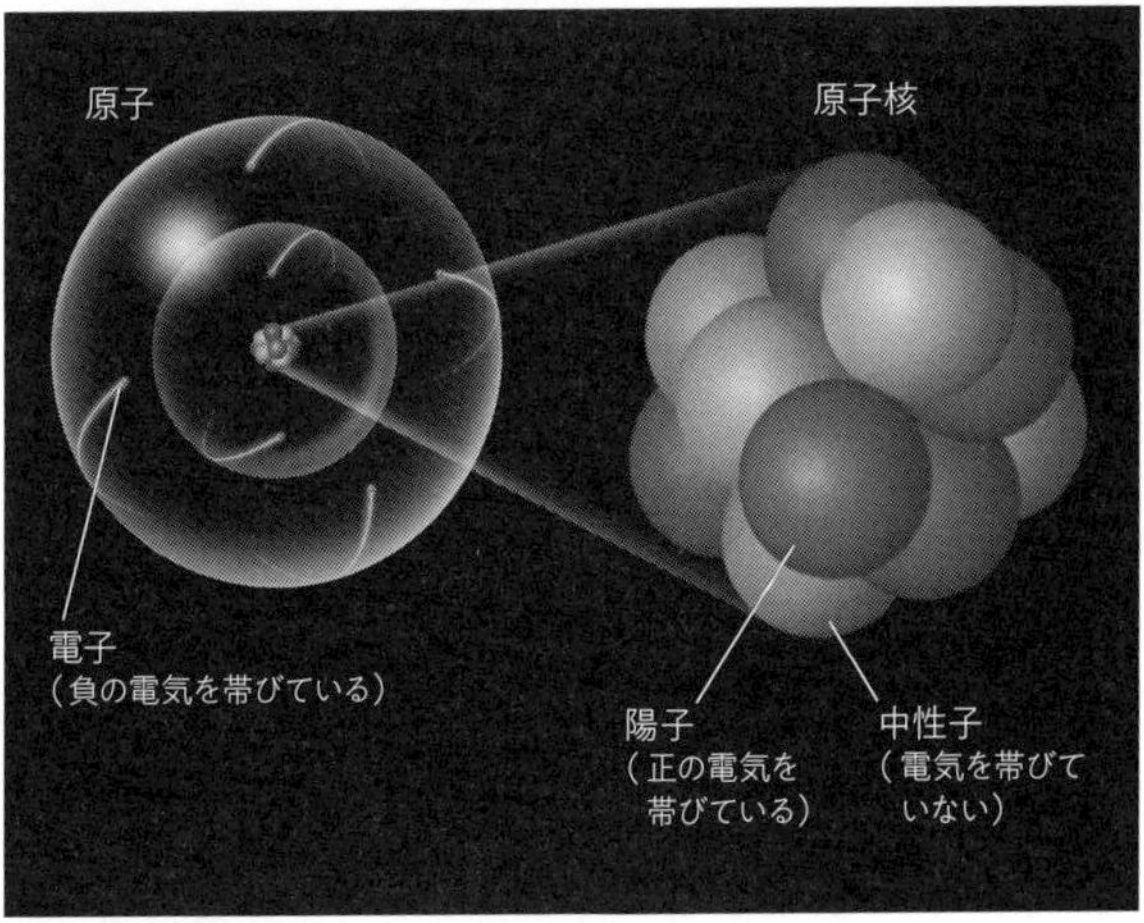

図2-5　原子の構造　原子は、電子、陽子、中性子の三つの粒子で構成されている。

ます。

　さらに、原子核のまわりにはマイナスの電気を帯びた「電子」が回転運動をしています。原子核の中の陽子の数と、電子の数はいつも同じです。つまり、一つの原子全体は、電気的に中性になっているわけです。

　水素や酸素など、原子にはさまざまな種類があります。この原子の種類のことを「元素」といいます。現在までに見つかっている元素は、水素にヘリウム、リチウム、ベリリウム……と、なんと１１８にものぼり、元素ごとに化学反応のおこしやすさなど、いろいろな性質がちがいます。

　しかし、元素がちがっていても、陽子、中性子、電子という、３種類の構成要素はどれも同じです（ただし、水素原子には中性子が含まれません）。では、それぞれの原子はどこにちがいがあるのでしょうか。

　原子の種類を決めるもの、それはずばり、原子核にある「陽子の数」です。この陽子の数を各元素の「原子番号」といいます。たとえば水素原子であれば、中には

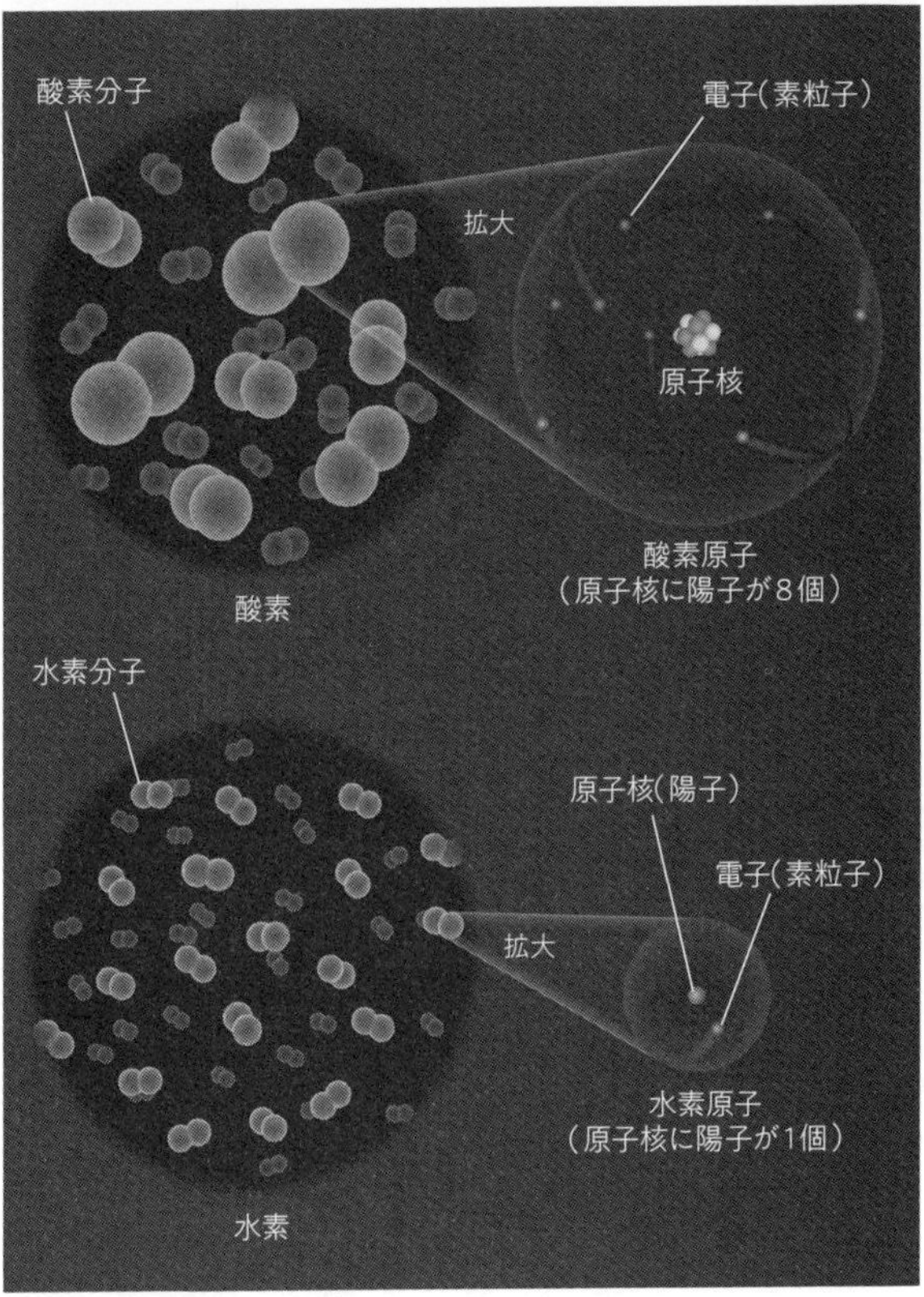

図2-6　酸素原子と水素原子

陽子が一つだけあります(図2－6)。ですから、原子番号は1です。酸素原子であれば、陽子は8個含まれています。つまり原子番号は8になります。

この原子番号の順にすべての元素を表に並べたのが、あの周期表です。学校のテストのために、無理矢理暗記した、という人も少なくないでしょう。周期表については、またのちほどくわしく紹介しましょう。

中性子の数がことなる原子が存在する

原子の種類は陽子の数で決まるわけですから、同じ元素に含まれる陽子の数は、当然いつも同じになります。また、電子も陽子の数と同じだけ含まれますから、同じ元素に含まれる電子の数も常に同じです。水素原子であれば、必ず陽子1個と電子1個、酸素原子であれば陽子8個と電子8個という具合になるわけです。さて、原子の構成要素には、もう一つありましたね。中性子です。中性子の数はどうでしょうか。

　実は、中性子の数は同じ元素でもことなることがあります。たとえば水素の場合、陽子は1個と決まっていますが、中性子は0個、1個、2個の3種類があるのです（図2-7）。中性子をたくさん含んでいるほど重くなりますから、同じ水素でも、軽い水素と重い水素があることになります。なお、天然に存在する水素原子の99・9％以上は

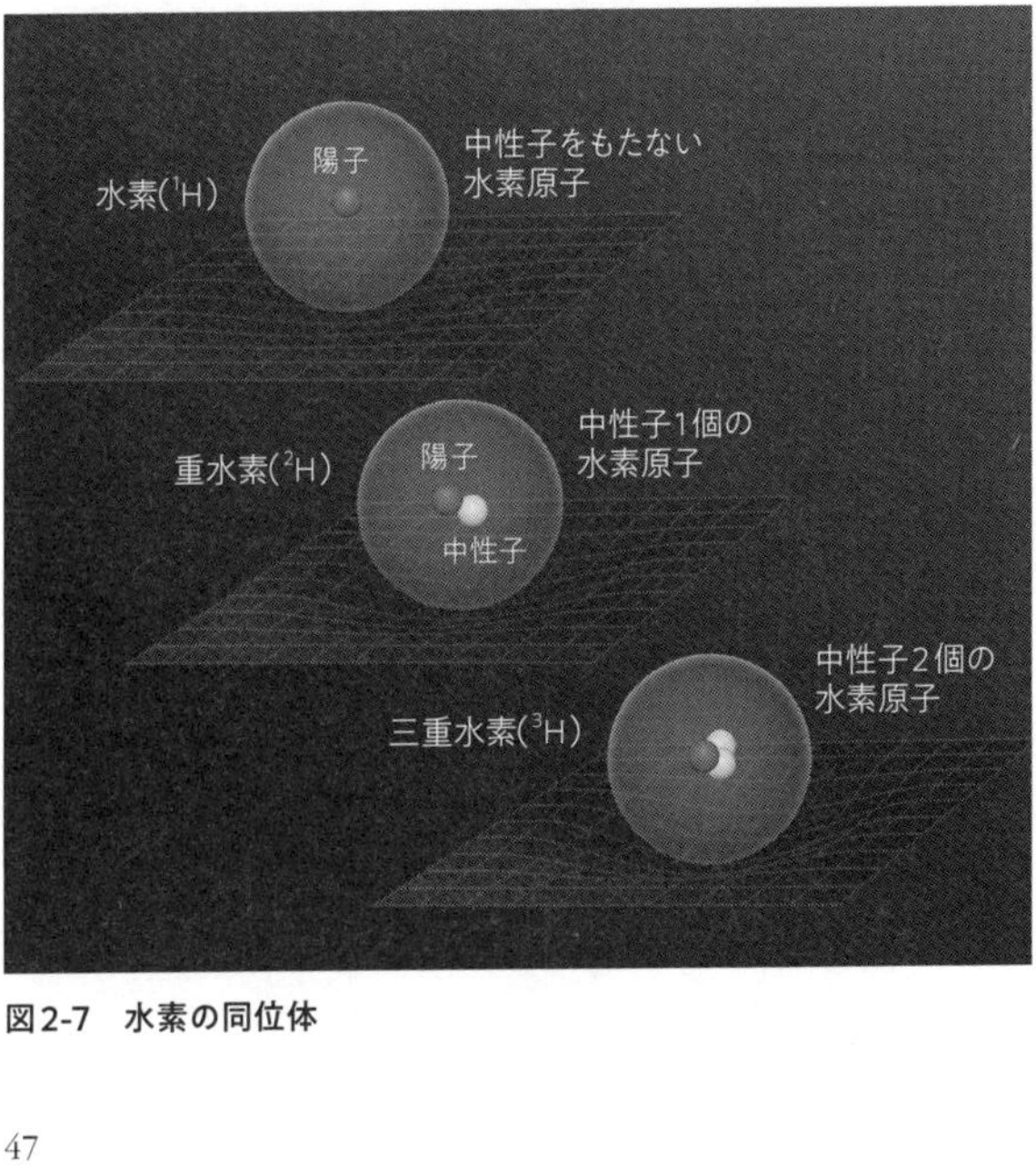

図2-7　水素の同位体

中性子0個のものです。

このように、原子番号が同じで、中性子の数がことなる原子がすべての元素で見つかっています。このような関係を「同位体」といいます。同位体の間で陽子と電子の数は変わらないので、化学的な性質はよく似ています。

同位体を発見したのはイギリスの物理化学者、フレデリック・ソディ（1877〜1956）です。ソディは1910年ころ、化学的な性質は同じなのに、放出する放射線の特徴にちがいをもつ原子のグループがあることに気づきました。

ソディが調べた原子のように、同位体の中には、放射線を出すものが含まれることがあります。たとえば、天然の水素のほとんどを占める中性子0個の水素原子は安定で、放射線を出すことはありません。しかし、中性子の数が2個の水素原子は不安定で、ベータ線という放射線を出すことがあります。すると、中性子1個が陽子に変化し、別のヘリウム3の原子に変わります。このように放射線を放出して、別の原子に変わってしまう同位体を、「放射性同位体」といいます。

　このような放射性同位体は、さまざまな分野で利用されています。たとえば、がん検査です。がんの患部に集まりやすい薬品に放射性同位体をくっつけておいて、体内に入れます。その後、放射線を写す特殊な機器で撮影すると、がんの位置や大きさを知ることができるわけです。

　さて、同位体は、元素名だけではどれを指しているのかわかりません。ですから同位体をあらわすときには、「質量数」という数を使います。質量数とは、陽子と中性子の数を合計したものです。先ほどの水素の例でいうと、陽子１個、中性子０個の水素の質量数は１＋０で１です。ですから、この水素原子は「水素１」とあらわします。陽子１個、中性子１個の水素の場合、質量数は１＋１＝２ですから、「水素２」とあらわします。同じように陽子１個、中性子２個の水素は「水素３」です。原子の質量のほとんどは、陽子と中性子の質量ですから、質量数は、各原子の質量の指標にもなります。

　原子力発電のニュースなどで、「セシウム１３７」といった原子名を聞いたことはないでしょうか。この137が質量数です。セシウム137というのは、セシウム原子（原子番号55）のうち、陽子55個、中性子82個をもつ同位体のことをあらわしているわけです。セシウム137は、原子力発電などの核分裂反応で生じる放射性同位体の一つです。

ちなみに、水素だけはちょっと特別で、「水素2」は「重水素」とよばれることの方が一般的です。また、「水素3」も「三重水素」または「トリチウム」とよばれることの方が多いでしょう。

膨大な原子の数を数えるには？

ここまで見てきたように原子はとてつもなく小さいものです。そのような小さな原子の質量や数をどのようにあらわすと、便利でしょうか。化学反応でものをつくるときなどには、原子の質量や数をうまく計算して、最終的にどれくらいの生成物ができるのかを見積もらなければならないことがあります。少しややこしいかもしれませんが、ここでは原子の質量や数をあらわす方法について考えてみましょう。

まず、原子の質量です。その値は元素によってちがい、また、きわめて小さなものです。たとえば、炭素原子1個の質量は、およそ0・0000000000000000000000002グラム（2×10^{-23}グラム）です。あまりにも小さすぎます。このように実際の原子1個の質量を使うのは実用的ではありません。

そこで化学の世界では、「質量数12の炭素原子」の質量を12と決めて、これを基準に各原子の質量を「比」であらわす方法がとられています。これを「原子量」といいます。各元素の原子量は、質量数とおおむね同じになることが多いです。たとえば水素の原子量は1、酸素は16となります。原子量12の炭素原子と、原子量1の水素原子が同じ個数集まると、炭素原子の集団の方が12倍質量が大きいことになります。[*2]

原子が複数結びつくと、分子になります。分子はその分子を構成する原子の原子量を足したものを「分子量」として用います。たとえば水（H_2O）の場合、分子量は水素原子の原子量2個分（1×2）と酸素原子の原子量16を足した18となります。原子や分子の質量の考え方についてはこのような感じです。

　次は、原子や分子の数をあらわす方法について説明しましょう。この章のはじめでも見たように、身のまわりの物質には膨大な数の原子や分子が詰まっています。ですから、やはり実際の個数を使うのは実用的ではありません。

　そこで、原子や分子の個数をあらわすときには「モル」という単位を使います。1モルは原子や分子が6×10^{23}個集まったものです。たとえば、3×10^{23}個の原子が集まれば0・5モル、1.2×10^{24}個の原子が集まれば2モルとあらわせます。モルを使えば、原子や分子の数をスマートにあらわせるわけです。12個を1ダースと考える鉛筆の数え方に似ていますね。

　この6×10^{23}を「アボガドロ数」といいます。[*3] ここで疑問が生じないでしょうか。なぜ、これほど中途半端な数を単位にして、原子の数を数えるのでしょうか。もっとキリのよい数の方がわかりやすいようにも思えるかもしれません。実はそれには理由があります。

　原子や分子がアボガドロ数の個数だけ集まると、その集団の質量（単位はグラム）が原子量や分子量とぴったり等しくなるのです。たとえば6×10^{23}個の炭素、つまり1モルの炭素の質量は、炭素の原子量が12なので、12グラムとなります。同じく原子量1の水素原子が6×10^{23}個集まれば1グラムです。ですから、6×10^{23}個を単位にして原子の数をあらわすと、質量がすぐにわかり、とても都合がよいわけです。

＊2　ここでは、同位体の存在を考慮せずに原子量を説明していますが、安定な同位体のある元素の場合は、同位体の存在比をふまえて原子量は計算されます。たとえば、炭素には質量数13の同位体が全体の0.96〜1.16％の比率で存在しています。そのため炭素の原子量は、12にきわめて近いですが12.0096〜12.0116となります。

＊3　2019年5月20日より、アボガドロ数は「6.02214076×10^{23}」と定義されています。

第3章

周期表を知れば化学がわかる

現在知られている元素は、全部で118種類。これらの元素を規則正しく並べたものが「周期表」です。周期表で同じ縦の列に並ぶ元素は似た性質をもっています。この縦の並びは「族」とよばれ、族ごとの性質を知ると、それぞれの元素の特徴やそのちがいがよくわかるようになります。元素の縦のつながりに着目して、さまざまな元素や周期表についてくわしく見ていきましょう。

カードゲームからひらめいた元素の周期表

さまざまな元素をその化学的な性質のちがいによって分類したもの、それが周期表です。ですから、周期表を見れば、元素の性質が一目で推測できるようになっています。周期表は、化学の世界を探検するうえで欠かせないガイドマップだといえるでしょう。

元素の周期表はいかにしてつくられたのでしょうか。元素の「周期性」にはじめ

図3-1　ドミトリ・メンデレーエフ

て気づいたのは、フランスの地質学者、ベギエ・ド・シャンクルトワ（1820〜1886）だといわれています。その後も多くの科学者が元素を分類するさまざまな方法を提案しました。たとえば、らせん状に元素を並べたり、元素の並びを音符になぞらえたりする考えなどが発表されました。しかし、どれも当時知られていたすべての元素を体系的に整理することはできませんでした。

　1869年、ロシア、ペテルブルク大学の化学教授だったドミトリ・メンデレーエフ（１８３４〜１９０７）は、執筆中の化学の教科書の中で、当時発見されていた63個の元素をどのように紹介するか、悩んでいました。そしてあるとき、メンデレーエフは元素の重さと、好きなカードゲームとの関連を思いつきました。そのゲームは、ハートやスペードなどの組ごとに、数字が大きくなるように並べるものでした。さっそくメンデレーエフは白紙のカードを取りだして、元素の名前と原子量などを書き留めてみました。そして、似た性質をもつ元素のグループごとに、原子量が大きくなる順に並べていったのです。そうして何度も並べかえるうちに、当時知られていた63の元素すべてをきれいな法則にしたがって並べることに成功したのです。こうしてできたのが『周期表』です。

　さらに彼がすぐれていたのは、当時、適当な元素が存在しない部分を空欄にして、入るべき元素の原子量や性質を予言していたことです。発表当時、メンデレーエフの周期表は科学者たちから認められてはいませんでした。しかし、１８６９年に「スカンジウム」が、１８７５年に「ガリウム」が、１８８６年に「ゲルマニウム」が発見され、その性質がメンデレーエフの予言とみごとに一致していたことがわかりました。予言の的中によってメンデレーエフの周期表の正当性が証明されたのです。

周期表は150年をかけて現在の形になった

現在の周期表はメンデレーエフが考えたもののままなのか、というとそうではありません。新たな元素の発見にともなって、さまざまな改良が加えられています。

たとえば1890年代、「分光分析」という新しい方法によって、「ネオン」や「アルゴン」など、次々と新元素が発見されました。これらの元素は水素や酸素などとも反応せず、当時知られていたどの元素ともことなる性質をもっており、当然、周期表には含まれていませんでした。科学者たちは頭を悩ませ、メンデレーエフの周期表はまちがっているのだ、と主張するものさえでてきたのです。

しかしやがて、周期表に新たな列（新たな族）を追加することで、これらの元素を周期表に〝吸収〟できることがわかりました。メンデレーエフの周期表の基本を変える必要はなかったのです。その後も新しい元素が発見されるたびに議論がなされ、周期表にあてはめられてきました。

それでもまだ、周期表には大きな謎が残っていました。原子量の大きさの順番どおりでない部分や、空欄として残った部分の存在をどう考えるのかということです。

その答えは、20世紀に入り、やっと説明されることとなりました。原子の内部における原子核の構造や電子の配置が解明され、メンデレーエフが考えていた性質は「電子」が生みだすものだということが明らかになったのです。現在の周期表ではこれらをふまえて、電子の配列にもとづいた「原子番号」の順番に並べられています[*1]。

メンデレーエフが周期表を作成した当時、発見されていた元素は63個でしたが、

２０２３年３月現在では１１８個までふえています。周期表は、１５０年にわたり、科学の進歩とともに少しずつ形を変えながらも、大きな書き直しをせまられることなく、倍近い元素を吸収してきたことになります。

そして現在でも最先端の元素研究を反映しながら、周期表は化学のガイドマップとして、重要な役割を果たしているのです。

最外殻の電子の数で元素の性質が決まる

周期表の並びは、元素の化学的な性質と関連しています。周期表のしくみを原子の構造から読み解いていきましょう。

＊１　メンデレーエフは原子番号という考え方はもっていませんでした。原子を原子番号順に並べて、それに番号をつけることを提案したのは、オランダのアマチュア物理学者、アントニウス・ヨハネス・ファン・デン・ブローク（１８７０～１９２６）で、１９０７年のことでした。

現在の周期表は、「原子番号」の順に元素が並べられています。第2章で見たとおり、原子番号は、陽子の数と一致し、原子の種類（元素）を示す固有の番号といえます。水素は1、炭素は6、酸素は8といった具合です。基本的には、原子番号が大きいほど、重い元素です。

元素の化学的な性質を決めるうえで、とくに重要なのが「電子」です。ですから、周期表を読み解くためにもこの「電子の配置」について知ることがとても大事です。複雑に思えるかもしれませんが、原子の中の電子の配置について、少しくわしく説明しましょう。

原子の中で、電子は原子核の周囲に存在しています。しかし、電子は原子核のまわりを自由気ままに飛び回っているわけではありません。電子は「電子殻」とよばれるいくつかの層に分かれて存在しているのです。電子が存在する電子殻は、まるでタマネギの皮のように、何層にも積み重なっています（図3－2）。

電子殻は、内側から「K殻」「L殻」「M殻」……と名づけられています。それぞれの電子殻の中に入ることのできる電子の数（定員）は決まっており、外側の電子殻ほど電子の定員が多くなっています。そして電子は、基本的には原子核に近い内側の電子殻から順番に入っていきます。

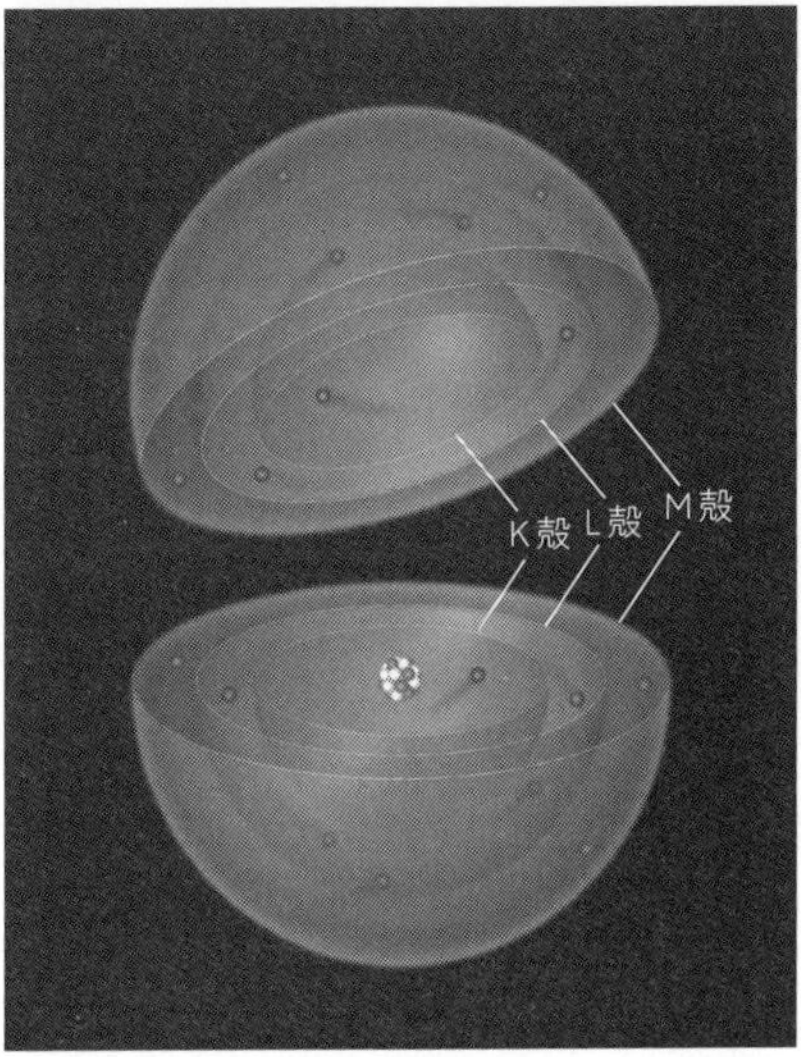

図3-2　電子が存在する電子殻　基本的には、内側の電子殻から順に電子が入る。

ここで具体的に原子番号17の塩素の電子配置を見てみましょう（図3－3）。塩素は全部で17個の電子をもっています。まず2個が最も内側にあるK殻（定員2）に存在します。次に8個がL殻（定員8）。そして残りの7個がM殻（定員8）に存在しま

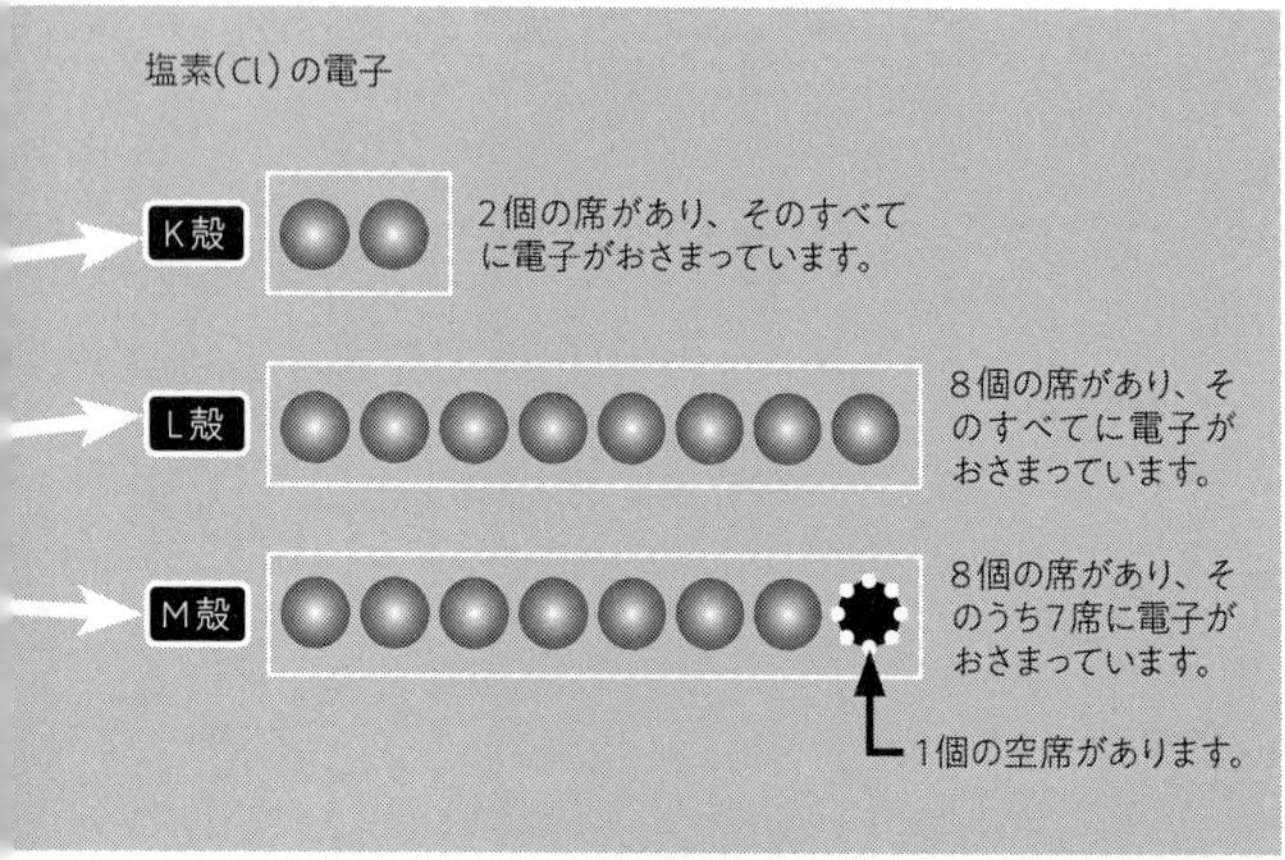

す。塩素の電子は、三つの層（電子殻）に分かれて、存在しているわけです。

塩素のM殻のように、電子が入っている最も外側の電子殻を「最外殻」といいます。この最外殻にある電子が、電子の化学的性質を大きく左右するため、とても重要です。なぜなら、最外殻にある電子こそ、別の原子や分子と反応をおこす張本人だからです。化学反応というのは結局のところ、最外殻の電子をどうやりとりするか、なのです。

さて、この電子の配置についての知

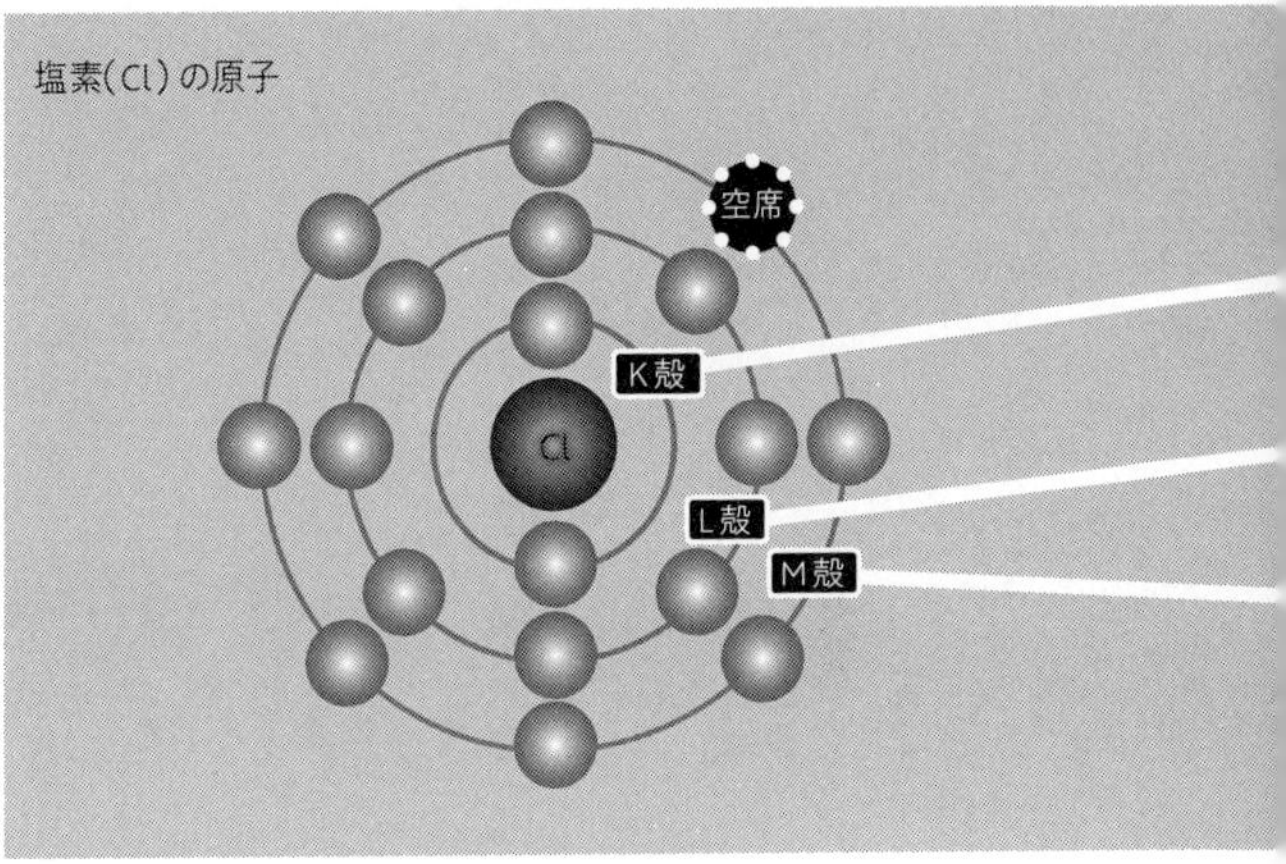

図3-3　塩素原子の電子配置

識を頭にいれたところで、あらためて周期表をながめてみましょう。図3－4は、周期表の各元素の電子配置をえがいたものです。原子番号が1増えるごとに、電子の数が増えていくのがわかりますね。

ここで同じ縦の列（族）に並んだ原子の最外殻の電子に注目してください。面白いことに、同じ族の原子はどれも、最外殻の電子の数が同じであることがわかるでしょう。たとえば、周期表のいちばん左の1族では、最外殻の電子の数はどれも1個だけです。一

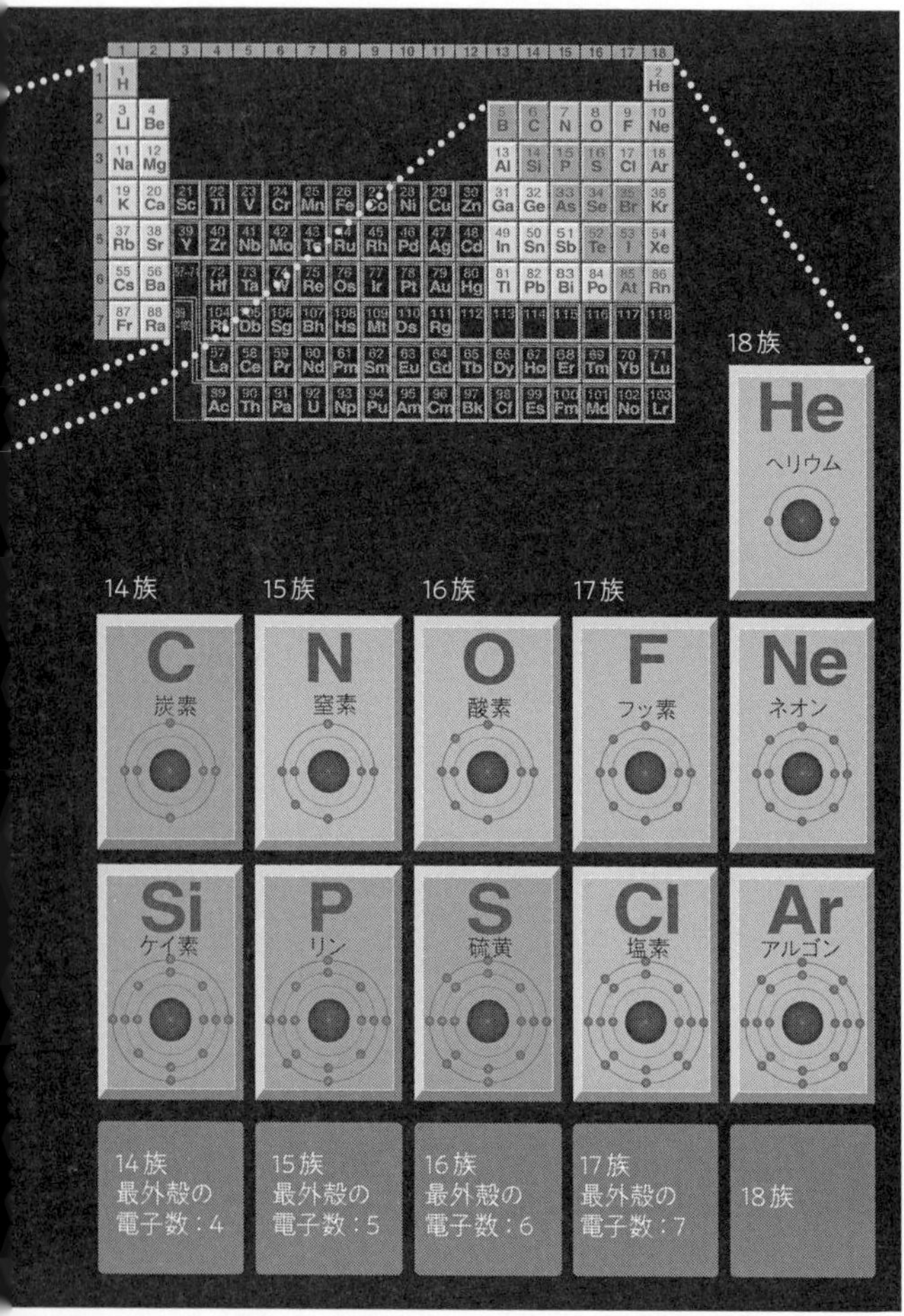
18族
He
ヘリウム
14族
15族
16族
17族
C
炭素
N
窒素
O
酸素
F
フッ素
Ne
ネオン
Si
ケイ素
P
リン
S
硫黄
Cl
塩素
Ar
アルゴン
14族
最外殻の
電子数：4
15族
最外殻の
電子数：5
16族
最外殻の
電子数：6
17族
最外殻の
電子数：7
18族

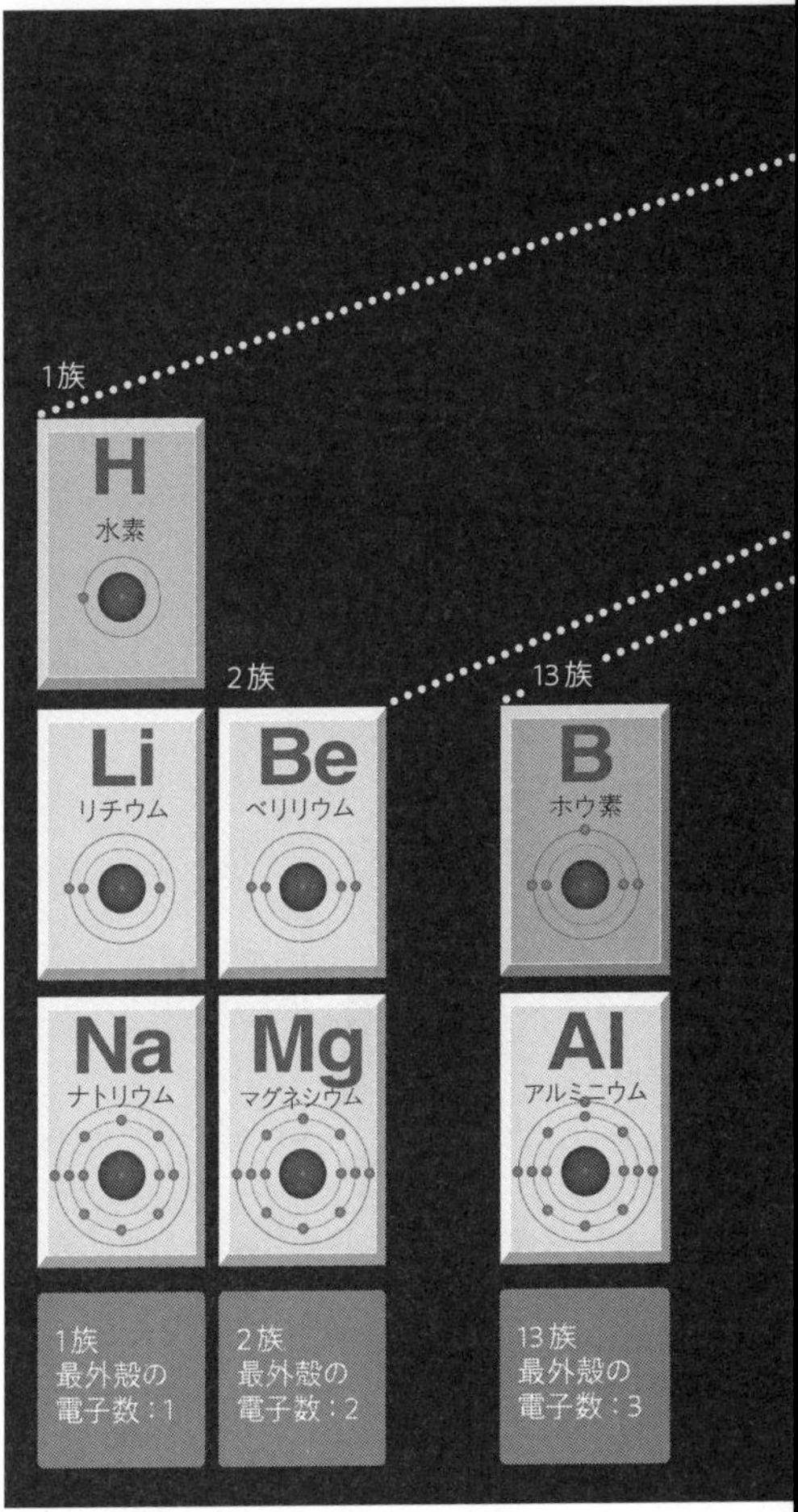

図3-4　周期表に並ぶ元素の電子配置

方、周期表のいちばん右の18族では、最外殻電子の数はヘリウム（He）を除き、どれも8個です。

このように、周期表では同じ縦の列に、最外殻の電子の数が同じ元素を並べることで、性質の似た元素が一目でわかるようになっているのです。

たとえば1族の元素は共通して、ほかの物質と反応しやすいという特徴をもっています。これは、1族の元素の最外殻電子が1個のみで、その電子が不安定で、ほかの物質に渡されやすいためです。

一方、18族の元素は、ほかの物質とほとんど反応しないという特徴をもっています。これは、18族の元素は最外殻に空席がないためです。この状態はとても安定なため、18族の元素はほかの物質に電子をわたしたり、逆にもらったりすることがほとんどありません。つまり、ほかの物質とほとんど反応しないということを意味しています。

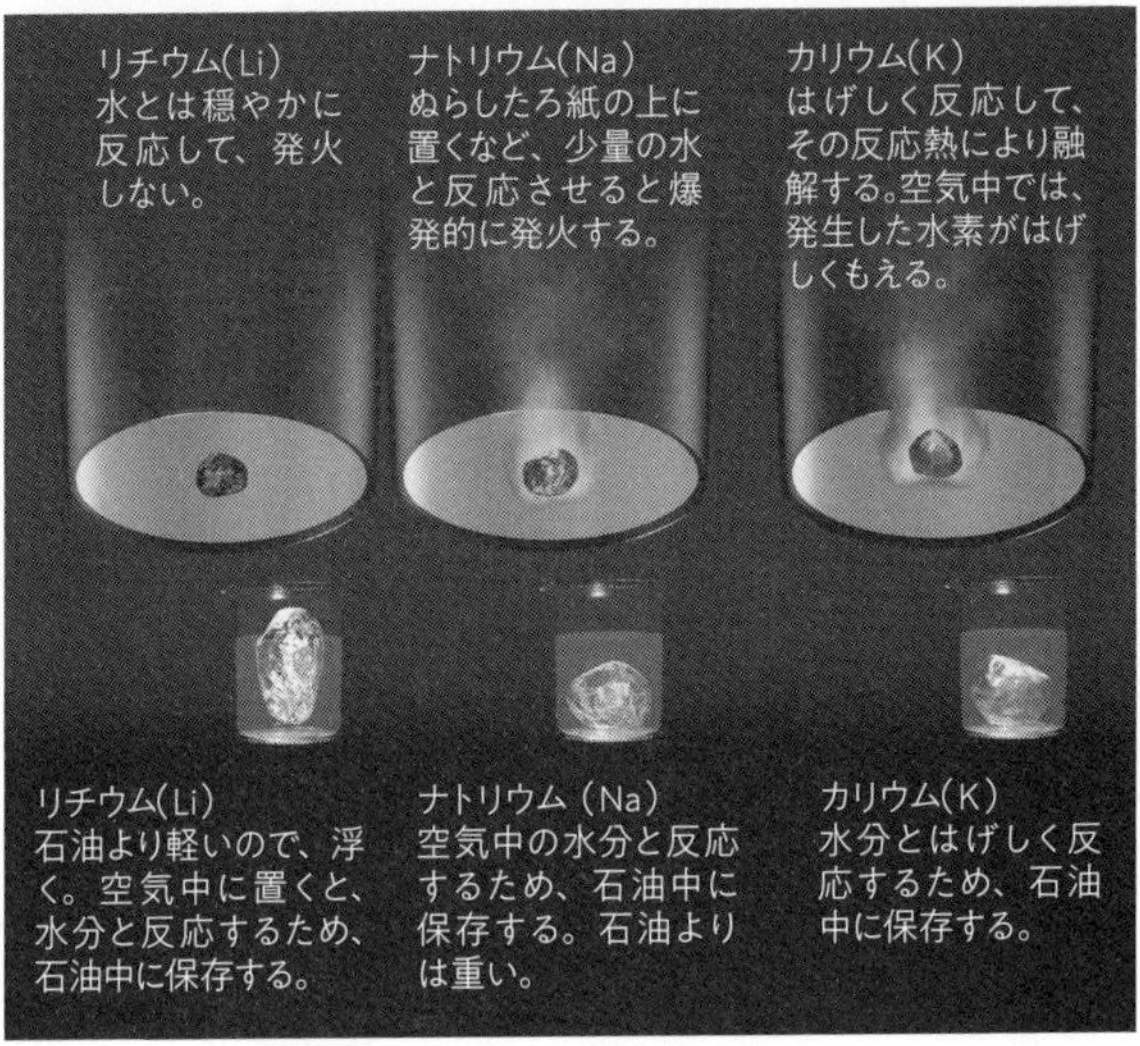

図3-5　アルカリ金属は水と激しく反応する

水とも反応するアルカリ金属

　ここからは、周期表に並ぶ縦のグループごとに元素の性質を具体的に読み解いていきましょう。

　まずはじめは、周期表のいちばん左側、１族に属する金属（アルカリ金属）です。リチウム、ナトリウム、カリウムなど、このグループの金属は、やわらかくて軽い特徴をもっています。リチウムやナトリウムなどは、金属でありながらナイフで切ることも可能です。

　また、アルカリ金属の大きな特徴の一つとして、反応性が非常に大きいことがあげられます。たとえば水に触れたときには爆発的に反応します。ぬらした紙の上に、ナトリウムやカリウムをのせると、はげしく炎をあげるほどです。

　水と反応すると聞いても、それほど危険に感じない人もいるかもしれません。しかし実際には、空気中の水分とも反応してしまうため、取り扱いには十分に注意が必要です。保存もそのまま試薬ビンの中に入れるわけにはいかず、リチウムやナトリウム、カリウムは石油の中に保存する必要があります。

　さらに原子番号が大きいルビジウムやセシウムは、空気中の水分や酸素と爆発的に反応します。そのため、石油の中に保存するのではなく、空気を抜いた容器の中に閉じこめ、空気に触れることがないよう、厳重に保管されます。それほど、反応しやすい元素なのです。

　先ほども簡単に触れたとおり、1族の元素は、原子の最も外側の電子殻にある電子が一つしかありません。その電子を放出し、ほかの原子に渡すと、内側のすでに〝席〟が埋まっていた電子殻が、あたかも最も外側の電子殻のようになり、安定な状態になります。化学反応は電子のやりとりによって行われます。そのため、電子をほかの原子に渡しやすいということは、爆発的なほど短い時間で反応が進むことを意味します。１族の元素は共通して最外殻に１個だけ電子をもっているため、すべてはげしい性格をもっているわけです。

多彩な物質をつくる14族元素

私たちに身近な物質で、重要な役割をになう元素の代表が周期表の中ほどに位置する「14族元素」です。

14族の特徴は、最外殻電子を四つもつことです。つまり、四本の「手」を使ってさまざまな原子と結びつくことができるのです（共有結合）。それによって、多様な物質を形成したり、さまざまな結晶の形をとることができます。

たとえば炭素は、酸素と結びつき二酸化炭素を、また窒素などと結びつきアミノ酸を構成することができます。私たちの生命にとって、欠くことのできない物質の多くは、炭素を主要な成分としているのです。

ケイ素も同じように四つの手を使いながらほかの原子と結合します。地殻中では酸素についで2番目に多い元素です。しかし、ケイ素は生命の主要な成分ではありません。なぜ炭素とケイ素でちがいがあるのでしょうか。

その理由の一つが、酸素と結びついたときの性質のちがいだといわれています。生物は、酸素を吸って、炭素の酸化物である二酸化炭素を放出しています。しかしケイ素の酸化物である二酸化ケイ素は固体です。そのため、うまく排出するのはむずかしいのです。そのような性質のちがいから、炭素が選択された、と考える研究者もいます。

ケイ素は昔から、ガラスやセメントとして利用されてきました。20世紀後半から

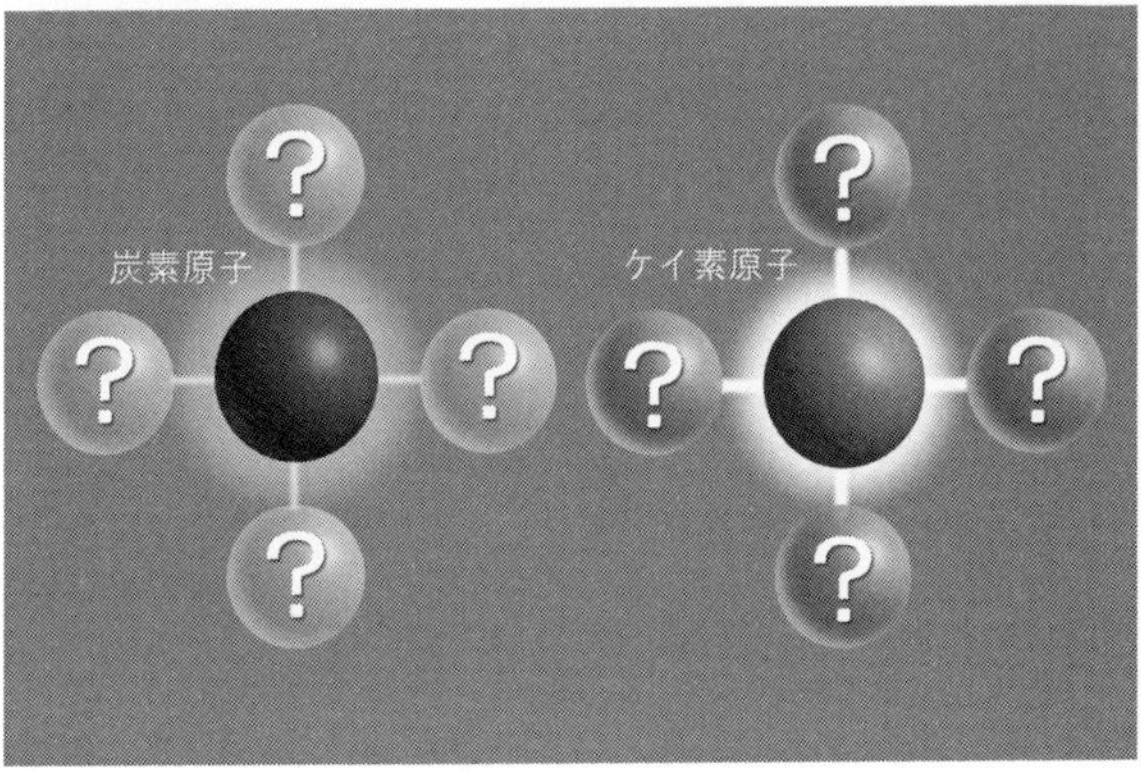

図3-6　炭素やケイ素は、四本の“手”をもつ

は、半導体（携帯電話など）や太陽電池にも使用されています。一方、炭素は、石炭や石油などの化石燃料として利用され、最近ではカーボンナノチューブとしてナノテクノロジーを牽引しています。14族の炭素とケイ素が工業的に活用され、私たちの生活を支えているのです。

なかなか反応しない、安定な18族元素

周期表のいちばん右側に位置する18族のグループ「貴（希）ガス」は、ほかの元素と反応しにくい性質をもっています。

その理由は電子配置にあります。貴ガスの電子殻には〝空席〟がなく、電子が入るべき最大の数まで満たされています。そのため、電子をうばったりうばわれたりしなくても非常に安定で、ほかの原子と反応したりする必要がないのです。

たとえば、1族元素である水素原子は、二つが結びついて水素分子をつくります。一方、貴ガスは原子1個で安定であるため1個の原子のままガスとして存在しています。また、貴ガスでは分子どうしが結びつく力（分子間力）が非常に小さいので、固体や液体の状態になりにくいという特徴をもちます。つまり、沸点や融点が低いのです。たとえばヘリウムの沸点はマイナス２６８・９３４℃で、すべての元素の中で最も低い値です。

貴ガスは、その反応のしにくさを利用して、さまざまなものに使われています。たとえば空気より軽いヘリウムは、火を近づけても燃えることがないので、飛行船や気球、風船などに使われます。また、体に入っても体内の物質と結びつくことがないため、体に悪影響をおよぼさないとされています。深海にもぐったとき、体に高圧がかかると、普通は影響をおよぼさない窒素でさえも、血液に溶けてのちに悪影響をおよぼすようになります（潜水病）。そこで、深海潜水用ボンベにはヘリウムやアルゴンがまぜられており、潜水病をおさえるのに役立っているのです。

メンデレーエフを悩ませた３〜12族元素

ここまで説明してきたように、基本的に電子は、原子の内側の電子殻から埋まっていきます。そのため、原子番号が順にふえたときには、一番外側の電子殻（最外殻）の電子の数が増えていくはずです。

しかし周期表の中には、原子番号が増えても、一番外側の電子の数がほとんど変わらない、そんな原子の一群があります。それが、周期表の中央部分に位置する３〜12族元素です。「遷移元素」とよばれます。なぜ、原子番号が増えても、最外殻の電子の数が変わらないのでしょうか。

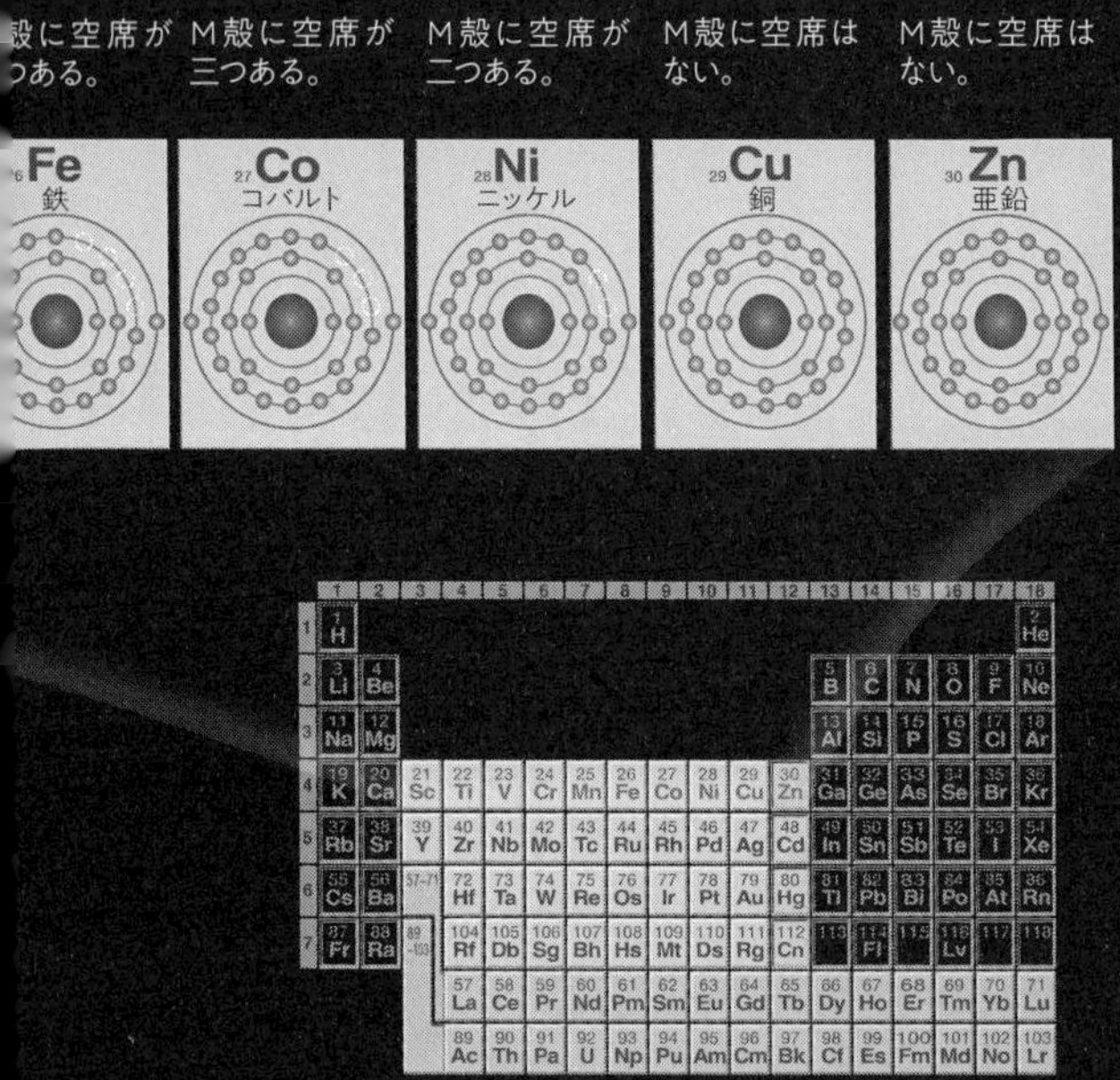

最外殻の電子の数がほとんど同じグループ
基本的には原子核に近い電子殻にある“席”から電子は埋まっていくが、遷移元素は例外である。イラストは原子番号21～30(スカンジウムから亜鉛)の電子配置(模式図)をえがいた。原子番号がふえるにしたがい、内側の電子殻(M殻)に空きがあるのに、外側の電子殻(N殻)に電子が埋まっていく。最外殻(N殻)にある電子の数がほとんど同じため、族がことなっていても、似た性質を示す。

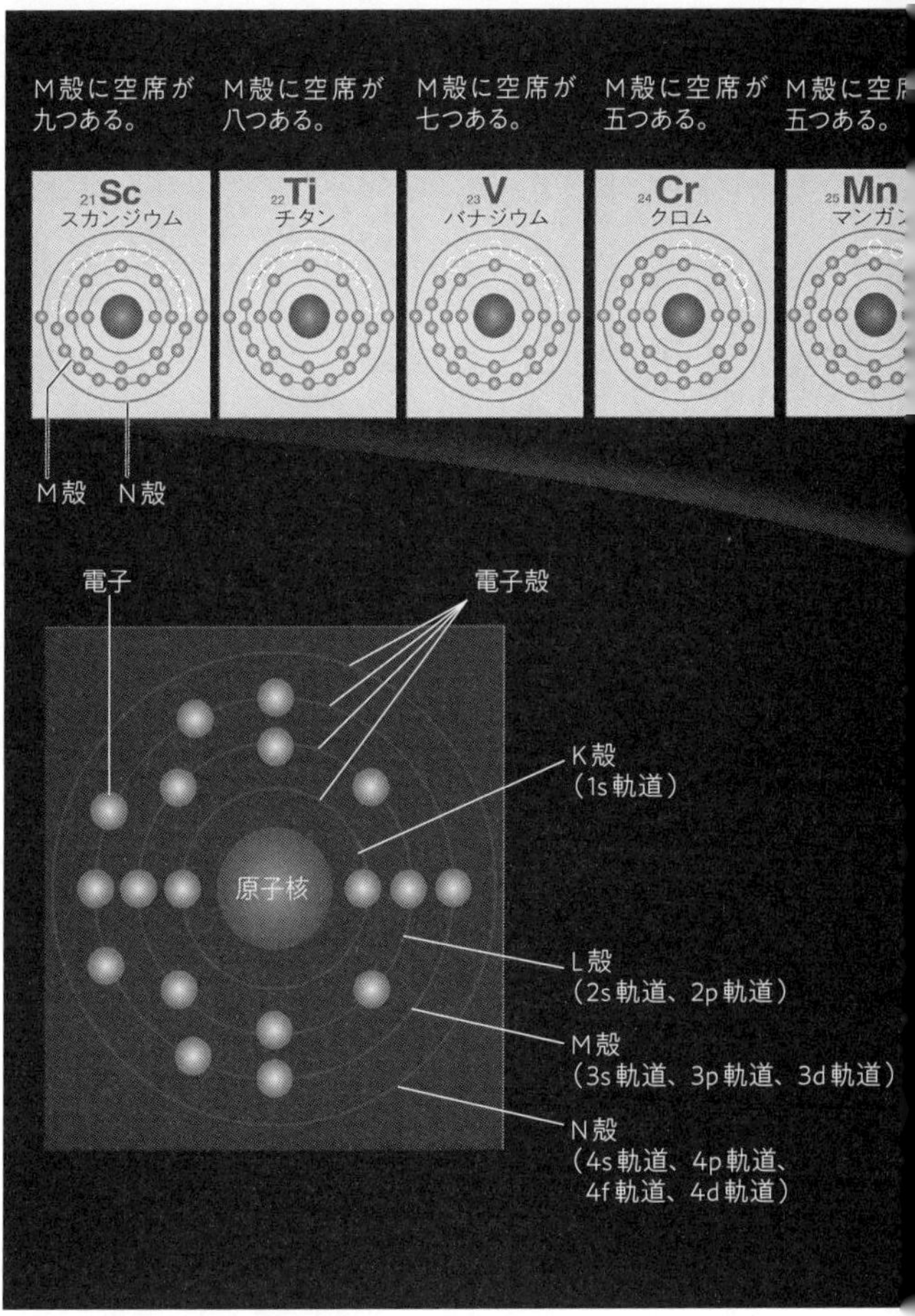

図3-7　遷移元素の電子配置

それは、遷移元素では、内側の電子殻が埋まっていないのに、外側の電子殻に電子が入ってしまうことがあるためです。たとえば、３族のスカンジウム（Sc）とその右どなりの４族のチタン（Ti）を見くらべてみましょう。図３-７を見てください。スカンジウムもチタンも最外殻電子の数は２個です（N殻）。しかし、一つ内側のM殻を見てみると、両者ともまだ空席があり、スカンジウムは電子が９個、チタンは電子が10個入っていることがわかります。内側のM殻の電子の数はことなりますが、最外殻（N殻）の電子の数は同じなのです。

　こうしたしくみで、ことなる族であっても遷移元素の最外殻電子の数はあまり変わりません。化学的性質を左右する最外殻の電子の数がほぼ同じなため、遷移元素はどれも似た性質をもちます。

　たとえば、鉄や銅は遷移元素です。鉄や銅が同じ性質？　と思うかもしれません。しかし、たとえば高い融点をもっていたり、酸素と数種類の化合物を形成できたりと、たしかに化学的な性質は似ています。

電子の存在がわかっていなかった当時に周期表をつくったメンデレーエフは、これらの元素の存在に非常に悩んだといわれています。原子量が増えるのに性質が変わらないこれらの元素群を、いわば欄外のように一つのグループにまとめて並べていました。現在では、性質が似たこれらの元素も原子番号（陽子の数）というルールにしたがって並べられ、周期表の中央部分に配置されています。

この宇宙には水素とヘリウムが圧倒的に多く存在する

周期表には、118の元素が並んでいます。では、この自然界にはどのような元素が多く存在しているのでしょうか。まず、私たちの体を見てみましょう。

ヒトの体の98・5％は、酸素、炭素、水素、窒素、カルシウム、リンのわずか6種類の元素でできています。私たちの体内にはアミノ酸、タンパク質、核酸（DNAなど）、脂肪などさまざまな分子が存在していますが、その6種類の元素でほとんどできているのです。

最も多く人体に含まれる元素は、酸素（O）です。酸素は人体の60～70％程度を占める水（H_2O）の構成要素であり、体をつくるタンパク質や核酸（DNAなど）にも使われています。また、肺でとりこまれた酸素は、血液に溶けて全身の細胞に供給されています。

2位以降は、炭素（C）、水素（H）、窒素（N）とつづきます。これらの元素も、タンパク質や核酸などの体をつくる物質の材料です。つづくカルシウム（Ca）は骨の成分として、リン（P）は核酸の成分として主に使われています。これらの上位6元素で、体重の98・5％を占めています。

人体には鉄（Fe）や亜鉛（Zn）などの金属も含まれています。人体に金属元素が含まれているなんて、少し意外に思う方もいるかもしれませんね。金属元素は体の中では、金属としてではなく、金属イオンやほかの元素と結合した化合物イオンなどの形ではたらいています。特定の金属元素は、人体の正常な機能を維持するために

表3-1　人体に含まれる元素

分類	元素名（黄色は必須元素）		割合	体重60 kg中に含まれる量
多量元素	O	酸素	65 %	39 kg
	C	炭素	18 %	11 kg
	H	水素	10 %	6.0 kg
	N	窒素	3 %	1.8 kg
	Ca	カルシウム	1.5 %	900 g
	P	リン	1 %	600 g
少量元素	S	硫黄	0.25 %	150 g
	K	カリウム	0.2 %	120 g
	Na	ナトリウム	0.15 %	90 g
	Cl	塩素	0.15 %	90 g
	Mg	マグネシウム	0.05 %	30 g
微量元素	Fe	鉄	—	5.1 g
	F	フッ素	—	2.6 g
	Si	ケイ素	—	1.7 g
	Zn	亜鉛	—	1.7 g
	Sr	ストロンチウム	—	0.27 g
	Rb	ルビジウム	—	0.27 g
	Br	臭素	—	0.17 g
	Pb	鉛	—	0.10 g
	Mn	マンガン	—	86 mg
	Cu	銅	—	68 mg
超微量元素	Al	アルミニウム	—	51 mg
	Cd	カドミウム	—	43 mg
	Sn	スズ	—	17 mg
	Ba	バリウム	—	15 mg
	Hg	水銀	—	11 mg
	Se	セレン	—	10 mg
	I	ヨウ素	—	9.4 mg
	Mp	モリブデン	—	8.6 mg
	Ni	ニッケル	—	8.6 mg
	B	ホウ素	—	8.6 mg
	Cr	クロム	—	1.7 mg
	As	ヒ素	—	1.7 mg
	Co	コバルト	—	1.3 mg
	V	バナジウム	—	0.17 mg

注：1 mg = 0.001 g

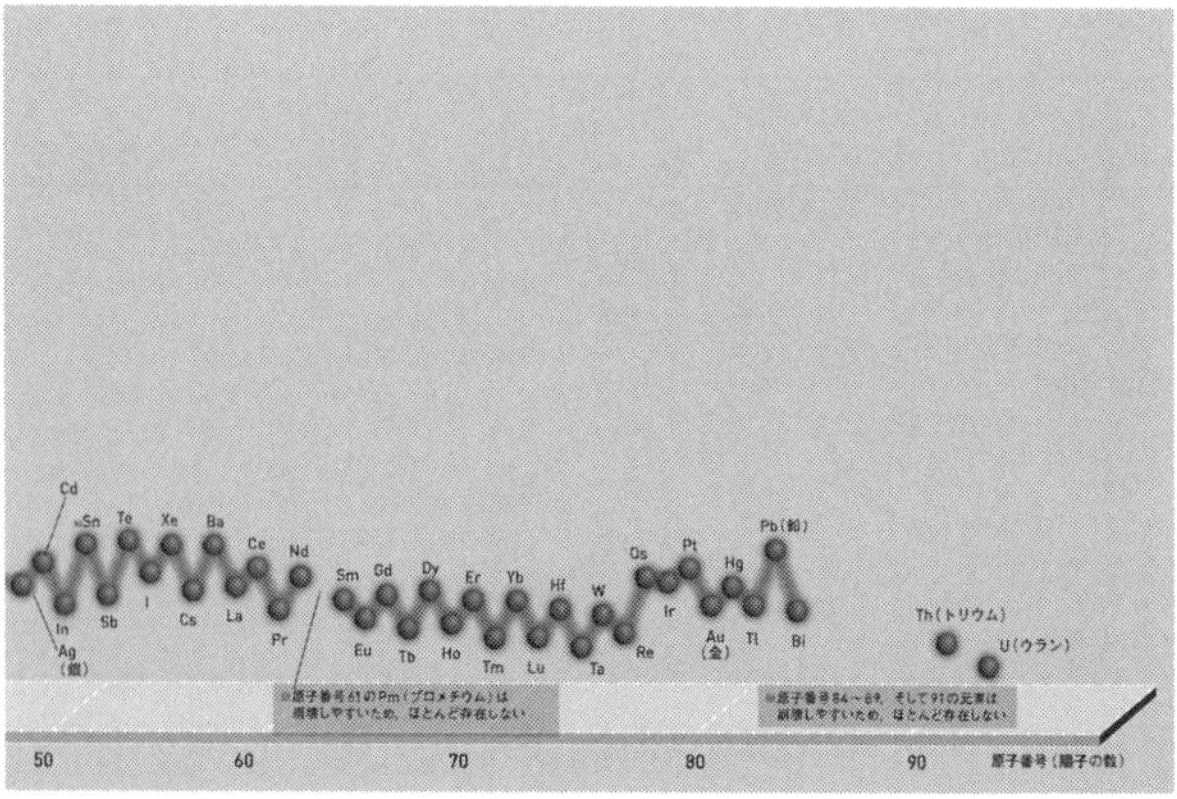

なくてはならない必須の元素です。たとえば鉄は、成人の体内に5グラム前後が含まれており、主に赤血球で酸素を結合させるタンパク質（ヘモグロビン）の一部として使われています。鉄が不足すると酸素を運ぶ能力が低下し、貧血になることは広く知られています。

また、銅は細胞内でエネルギーを生みだす反応にかかわり、クロムは血糖値を調節する「インスリン」の作用を強くするはたらきがあります。たとえ、微量しか人体に含まれていない元素でも、体の中でさまざまな重要な機能をになってい

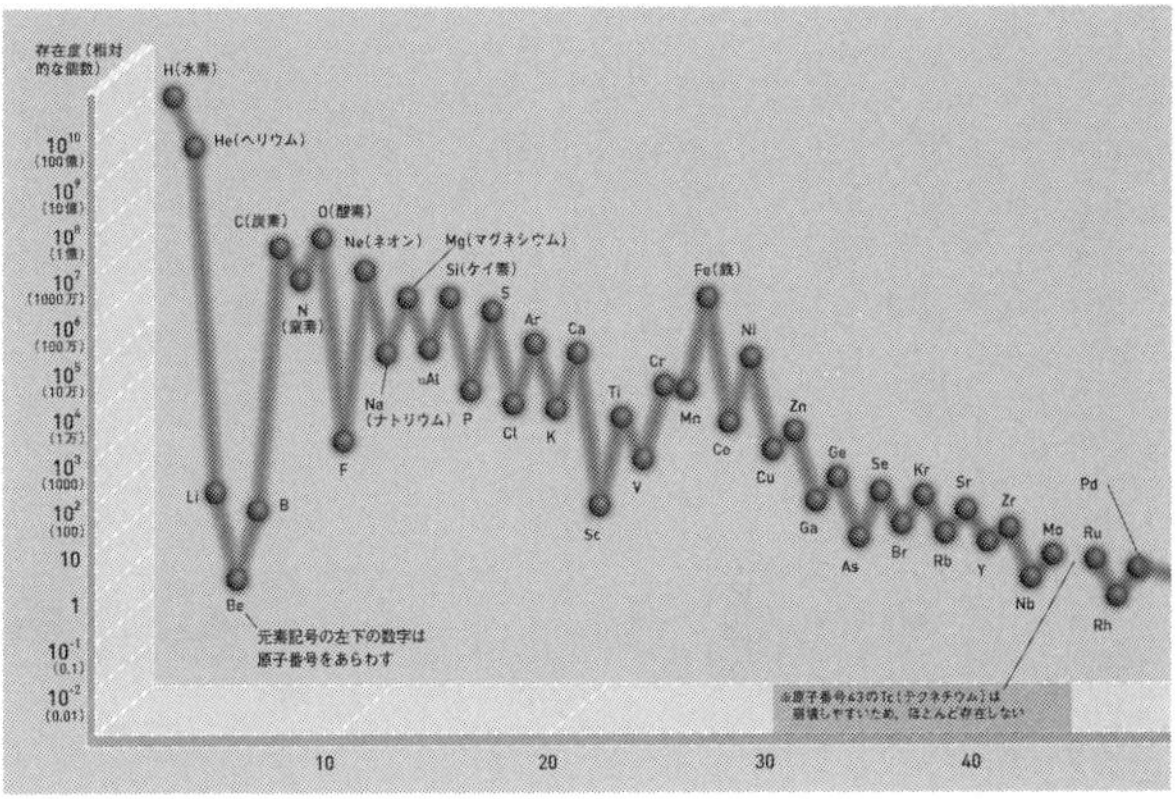

図3-9　この宇宙にある元素の存在度

るのです。

　では次に、この宇宙にはどのような元素が多く存在しているのかを見てみましょう。図３－９は、この宇宙に存在する元素の割合をグラフであらわしたものです。横軸に原子番号、縦軸に存在度をとっています。縦軸の目盛は、10倍ずつ大きくなっているので、少しの上下でも実際には大幅なちがいがあることに注意してください。このグラフから、主に二つのことが読みとれます。

　一つは、水素とヘリウムがずば抜けて多く[*2]、原子番号が増すにつれ存在度が小さくなることです。水素とヘリウムが全体に占める割合は、実に99・9%にもおよんでいます。

二つ目は、存在度がジグザグになっていることです。陽子の数が偶数のものは、となりあう奇数のものより多く存在しているのです。これは、陽子は2個でペアになっている方が安定しているためだと考えられています。宇宙に存在する元素の量には、陽子の性質が影響をおよぼしているのです。

元素は星によってつくられた

この宇宙にある元素は、いったいどのようにして誕生したのでしょうか。

まず、宇宙にずば抜けて多く存在する水素とヘリウムは、宇宙誕生初期につくられた元素だと考えられています。

この宇宙は今から138億年前に誕生しました。誕生直後の宇宙は、高温・高密度の灼熱の状態でした。原子の構成要素である電子や陽子、中性子は宇宙誕生から約10万分の１秒以内に誕生したと考えられています。ごくごく一瞬の間に生まれたわけです。陽子は水素の原子核でもありますから、宇宙で最初に生じたのは水素の原子核だということになります。

そして宇宙誕生から約３分後には宇宙の温度が約10億℃まで下がりました。するとバラバラだった陽子と中性子が結びつきます。こうしてヘリウムやリチウムといった軽い原子核が誕生しました。ただし、このときはまだ原子核と電子はばらばらの状態でした。両者が結びついたのは、宇宙誕生から約38万年後のことです。宇宙の温度が約３０００℃まで下がったことで、原子核と電子が結びつき、ようやく原子が誕生したのです。ただし、このときには、リチウムまでの軽い原子しか存

＊2　今では常識になっている宇宙での水素とヘリウムのずば抜けた存在度は、イギリス生まれのアメリカの女性天文学者セシリア・ペイン（１９００〜１９７９）が発見し、１９２５年にハーバード大学のラドクリフカッレジに提出した博士論文で発表されました。

在していませんでした。

宇宙誕生から数億年後、水素などのガスが重力で集まり、星が形成されます。リチウムより重い元素は、この星の中でつくられました。星の内部では高温・高密度の条件が長く保たれるため「核融合」という反応がおきます。核融合とは、簡単にいうと、複数の原子核が融合して、より大きな原子核がつくられる反応です。[*3] 核融合の典型的な例に、太陽では水素からヘリウムがつくられる反応があげられます。このとき大きなエネルギーが光や熱として生まれます。こうして、軽い元素を材料に、酸素や炭素、ネオンなど、鉄までの重さの元素ができたと考えられています。では、鉄よりも重い元素はどうやって生まれたのでしょうか。

星は寿命をむかえると「超新星爆発」という大爆発をおこします。爆発のエネルギーはすさまじいものです。鉄よりも重い元素は、この超新星爆発によって合成されたと考えられています。

さらに、中性子星という星が合体すると高密度・高温度（10億℃）のもとで中性子捕獲反応がおこり、金、銀、白金、ウランやプルトニウムなどの重い元素ができたと考えられています。そして、超新星爆発や中性子星合体などによって、さまざまな元素がばらまかれます。これを材料に次の世代の恒星が生まれます。こうして星の誕生と死がくりかえされることで、宇宙にさまざまな元素が蓄積していったのです。私たちを形づくっている元素も元をたどれば、星たちに行き着くというわけです。

＊３　１９２０年、イギリスの天体物理学者アーサー・エディントン（１８８０〜１９４４）は、恒星はエネルギーを水素からヘリウムに変換される反応（核融合）から得ていると提案し、１９３９年にドイツ生まれのアメリカの物理学者ハンス・ベーテ（１９０６〜２００５）が水素からヘリウムへの核融合反応以外にも炭素、窒素、酸素への核融合反応が存在する可能性があることを示した。

原子核を衝突させてつくられた人工元素

　周期表に並ぶ元素はすべて自然界で見つかったわけではありません。一部の元素は、本来自然界には存在しません。全118種類の元素のうち29種類は、人工的につくられることで発見された元素なのです。

　人工元素は、どれも安定な同位体をもたない放射性元素であり、時間とともに崩壊していくことが特徴です。ただし、原子番号43のテクネチウム（Tc）から原子番号94のプルトニウム（Pu）までに含まれる5種類の人工元素は、天然にもごく微量に存在することが確認されています。

　原子番号93のネプツニウム（Np）以降の元素は、ウランよりも原子番号が大きいので「超ウラン元素」とよばれています。超ウラン元素は寿命が1秒に満たないものも多く、それらの性質はよくわかっていません。2016年にその名前が決められた日本生まれの新元素、原子番号113の「ニホニウム（Nh）」も超ウラン元素の

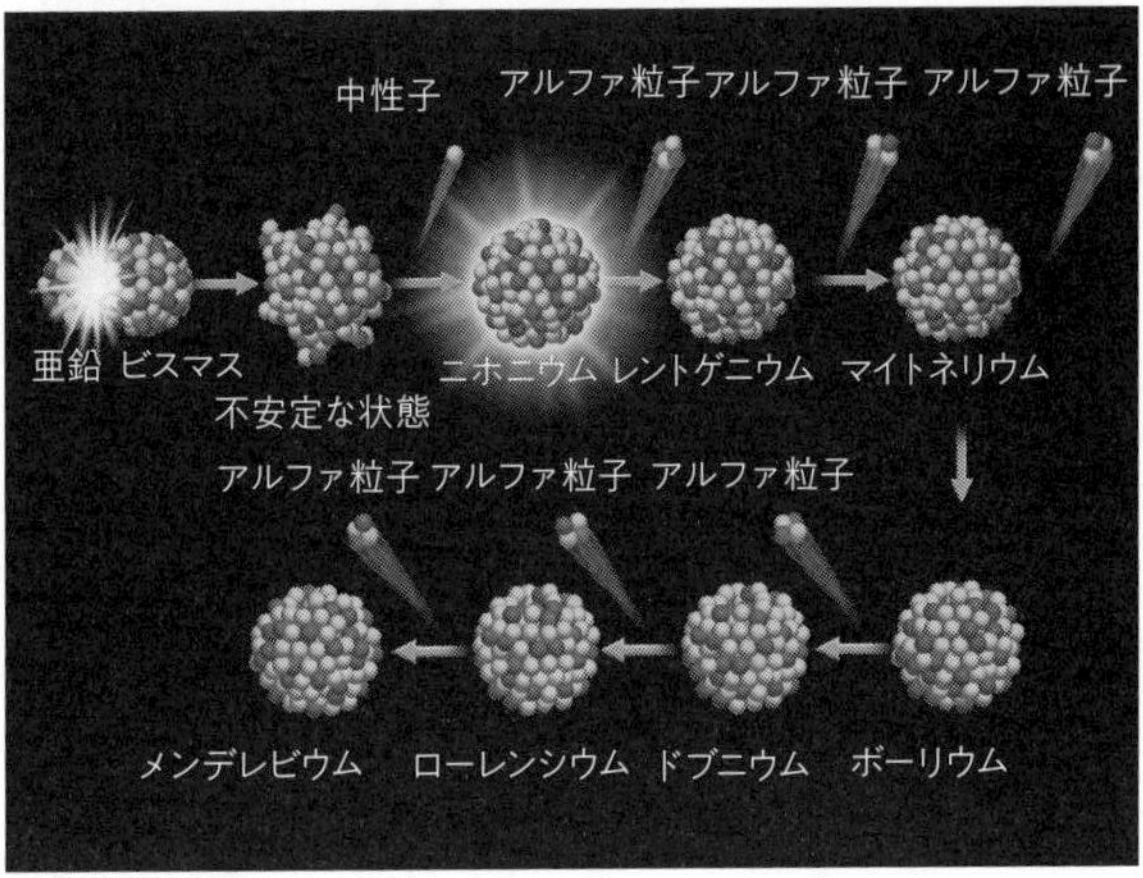

図3-10　ニホニウムの合成と崩壊のルート

一つで、1000分の2秒程度で崩壊してしまいます。

　これらの人工的な元素は、陽子や原子核をものすごいスピードに加速し、別の原子核に衝突させる方法などでつくられます。衝突によって陽子の数（原子番号）をむりやりふやし、より重い元素をつくりだしているわけです。

　日本生まれのニホニウムも、原子番号83のビスマス（Bi）に原子番号30の亜鉛（Zn）の原子核を衝突させて、合成されました。陽子の数（原子番号）

で計算すると、83＋30＝113と単純な足し算になっています。

ニホニウムは一瞬で崩壊（アルファ崩壊）してしまうため、直接元素の姿をとらえることは不可能です。そこで、崩壊の際に放出されるアルファ線（ヘリウムの原子核）を観測することで、ニホニウムの存在は証明されました。

現在、周期表の第7周期の118番元素まですべて埋まっています。しかし、元素はこれですべてと決まっているわけではありません。今後、第8周期の119番以降の元素の合成に成功すれば、周期表がさらに広がることもあり得るのです。

第4章

原子の結合と物質の構造

流動する水、かたい岩石など、世の中は多種多様な物質であふれています。また、同じ物質でも温度や圧力を変えると、その状態を変化させます。物質は、原子や分子などの粒子が組み合わさってできています。物質の状態のちがいは何で決まるのでしょうか。化学結合のカラクリを知り、物質のなりたちや性質を理解しましょう。

原子のつながり方が変わって化学反応がおきる

3章までに、この世界はさまざまな原子でできていることを見てきました。しかし、私たちの身のまわりで、それぞれの原子が単独で存在していることは比較的まれです。多くの場合、原子は別の原子と結びついた状態で存在しています。たとえば、私たちがいつも吸っている酸素ガスの正体は、酸素原子が2個結びついた酸素分子です。また、酸素を吸ったあとに吐きだすのは、二酸化炭素の分子です。これ

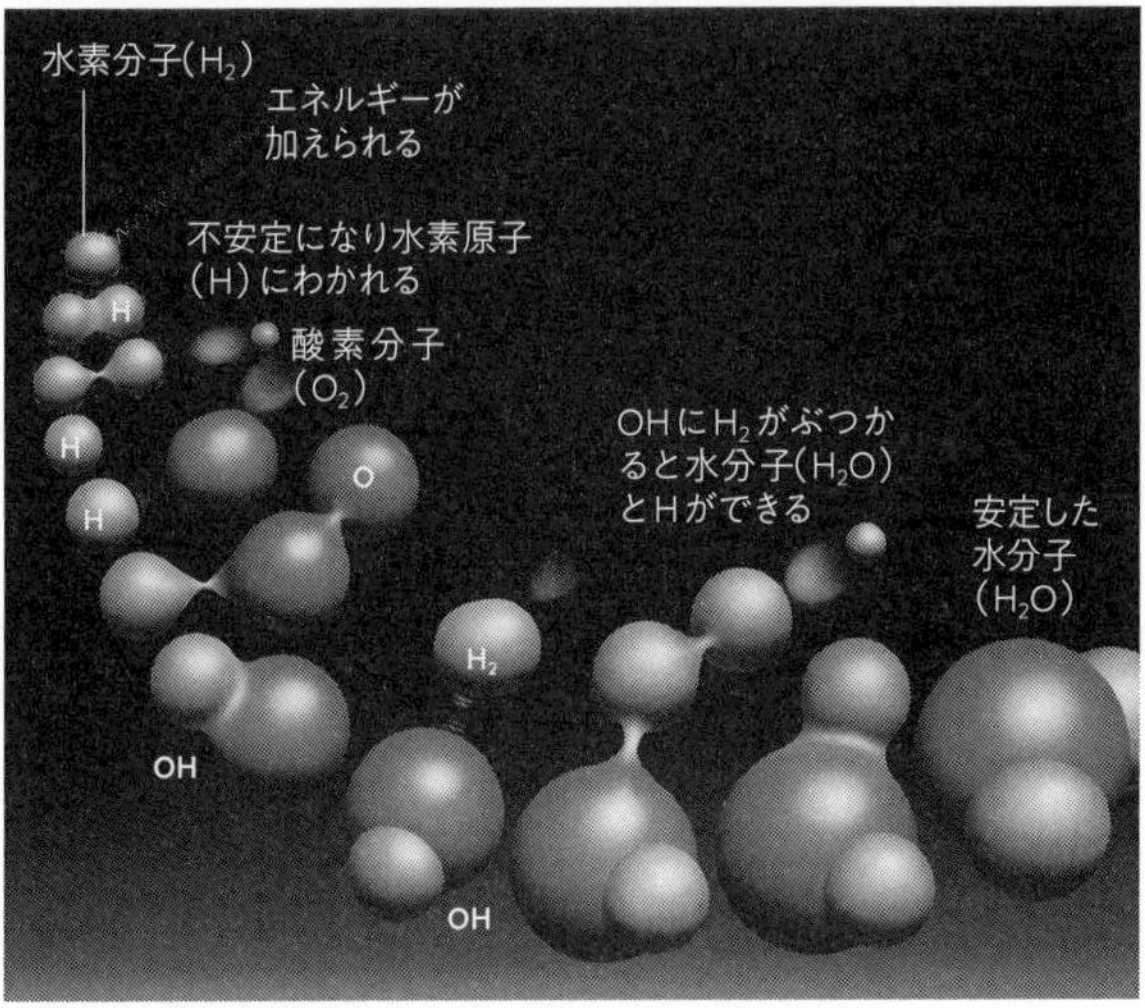

図4-1　水素分子と酸素分子から水ができる化学反応

は酸素原子二つと、炭素原子一つが結びついたものです。

　このように、原子と原子はくっつきあって「分子」になることがあります。さらに、分子と分子が衝突してくっついたり、その衝撃で原子を放出したりすることもあります。このような反応を「化学反応」といいます。

　化学反応がおきると、反応の前とはまったくちがう性質をもつ分子が新たにできることになります。たとえば、酸素原子二つでできた酸素分子と、水素原子二つでできた水素分子を混合して熱や電気エネルギーを加えます。すると、爆発的に反応して、「水」というまったく性質のちがう分子ができます（図4－1）。

化学反応と聞くと遠い存在のように思うかもしれませんが、日常生活の中でも普通におきています。たとえば、ものが燃えるのは、ものが酸素と結びつくという化学反応です。また、私たちの呼吸も酸素を吸って体内のブドウ糖などの養分を燃やす化学反応です。

とくに私たちの体の中では、膨大な種類の化学反応が常におきています。あらゆる生命活動は化学反応がになっているのです。

原子のつながり方は3種類

原子どうしはどうやって結びついて、分子をつくったり、物質をつくったりするのでしょうか。

原子どうしの結びつき方は一通りではありません。大きく分けて3種類あります。それが「共有結合」、「金属結合」、「イオン結合」です。それぞれの結合についてくわしく見ていきましょう。

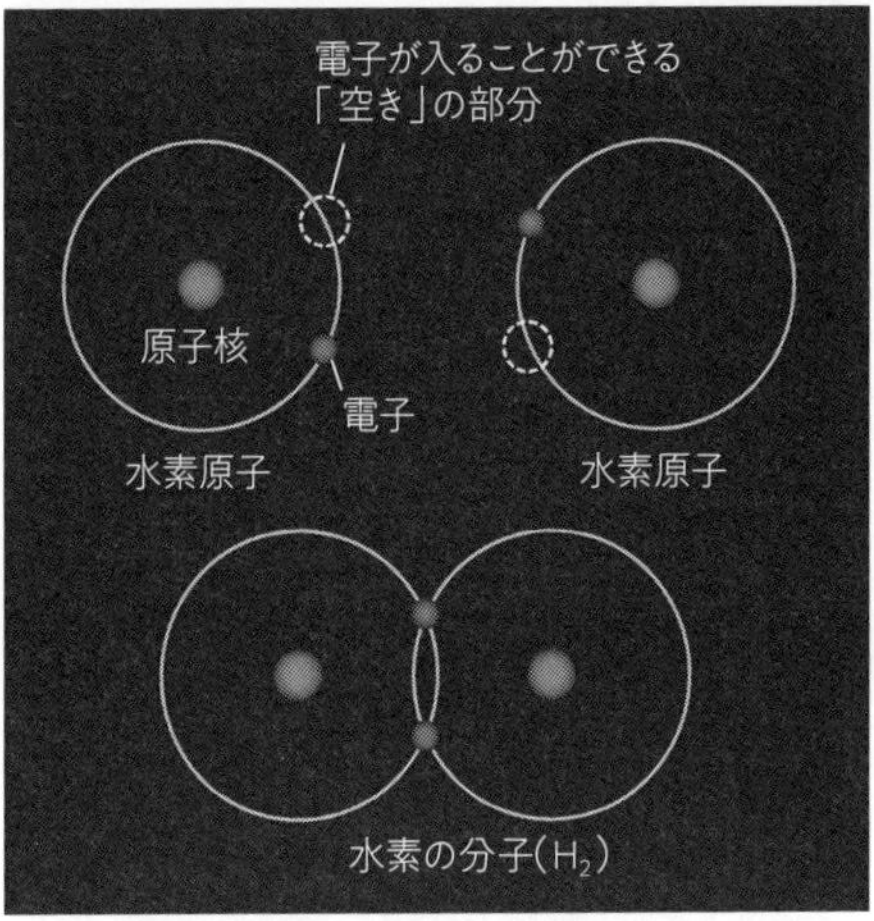

図4-2　共有結合で結びつく水素原子

まず「共有結合」です。これは、原子間で「電子」を共有することで、原子どうしを強力につなぎ、分子をつくりあげる結合です。

二つの水素原子が共有結合によって結びつく反応を例に説明しましょう。

水素原子の電子配置を見ると、定員2のK殻が最外殻で、ここに1個の電子をもっています（図4-

2)。K殻には1個の空席があるわけです。原子は最外殻に空席がないときに最も安定しますから、空席をもつ水素原子は単独では不安定ということになります。

そこで、二つの水素原子が近づくと、電子を一つずつ出しあって、それを二つの原子の間で共有するようになります。こうすることで、あたかも最外殻に空席がないようにおぎなうのです。すると、見かけ上は最外殻に空席がなくなったことになり、安定した状態になります。こうして二つの水素原子は強く結びつき、一体となって、「水素分子」としてふるまうようになるのです。これが共有結合です。

水素分子にかぎらず、身のまわりの多くの分子は、この共有結合で結びついています。

自由電子によって結びつく金属結合

次に「金属結合」について説明しましょう。金属結合はたくさんの金属原子が「自由電子」という電子によって結びつく結合です。金属の結晶は、この金属結合によってできています。

金属原子は、電子を放出しやすいという特徴をもっているため、金属原子は結晶の中で電子を放出します。この電子を自由電子といいます。

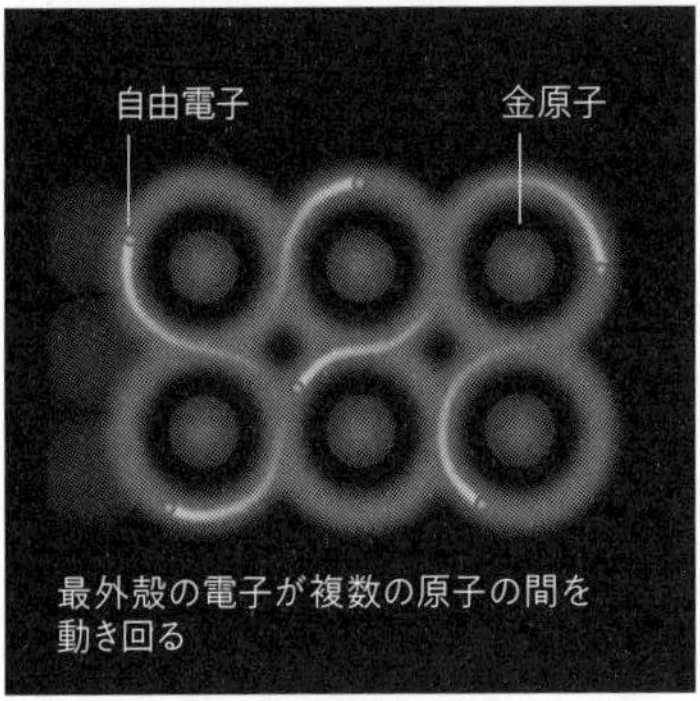

図4-3　金属結合と自由電子

原子が孤立しているときには、原子核の周囲に存在していた電子が、結晶中では金属全体を自由に動き回るようになります。それによって、ばらばらになろうとする金属原子を結びつけるのです。私たちの身のまわりには鉄や銅などさまざまな金属の結晶がありますが、その中では、自由電子が駆け回っているわけです。

金属に特有の性質も、この自由電子の存在

によります。たとえば、金属には特有の光沢があります。これは金属に当たった光のほとんどが自由電子にはねかえされることにより生じます。

また、金属は電気を伝えやすい、という特徴も自由電子によるものです。金属に電池をつなげたりすると、マイナスの電荷をもつ自由電子が金属の中を動くため、電気が流れるのです。

金属らしさは、自由電子が生みだしているといえるでしょう。

電気的に引き合うイオン結合

最後の「イオン結合」ですが、まずは、そもそも「イオン」とは何なのか、という話からはじめましょう。

原子の中には、電子を放出しやすかったり、逆に電子をうけとりやすいものがいます。たとえば、1族元素であるナトリウム原子を見てみると、最も外側の電子殻に電子が1個だけあります（図４－４）。この状態は不安定なので、ナトリウム原子は、電子1個をすぐに別の原子に渡そうとする性質があります。すると、ナトリウム原子はマイナスの電荷を帯びた電子を一つ失うため、全体としてプラスを帯びるようになります。これが「ナトリウムイオン」です。このようにプラスの電気を帯びたものを総称して「陽イオン」といいます。

もう一つ別のイオンの例を見てみましょう。17族の塩素原子は、最も外側の電子殻に電子が7個しかなく、席が一つ空いています（図４－５）。そのため、やはり塩素原子も不安定です。そこで、塩素原子は電子を別の原子から受けとり、全体としてマイナスの電荷を帯びた状態になりやすい性質があります。これが「塩化物イオン」です。このようにマイナスの電荷を帯びたものを総称して「陰イオン」といいます。

陽イオンと陰イオンは、それぞれがプラスとマイナスの電荷をもっていますから、電気的な力で引き合い、結びつきます。この結びつきを「イオン結合」という

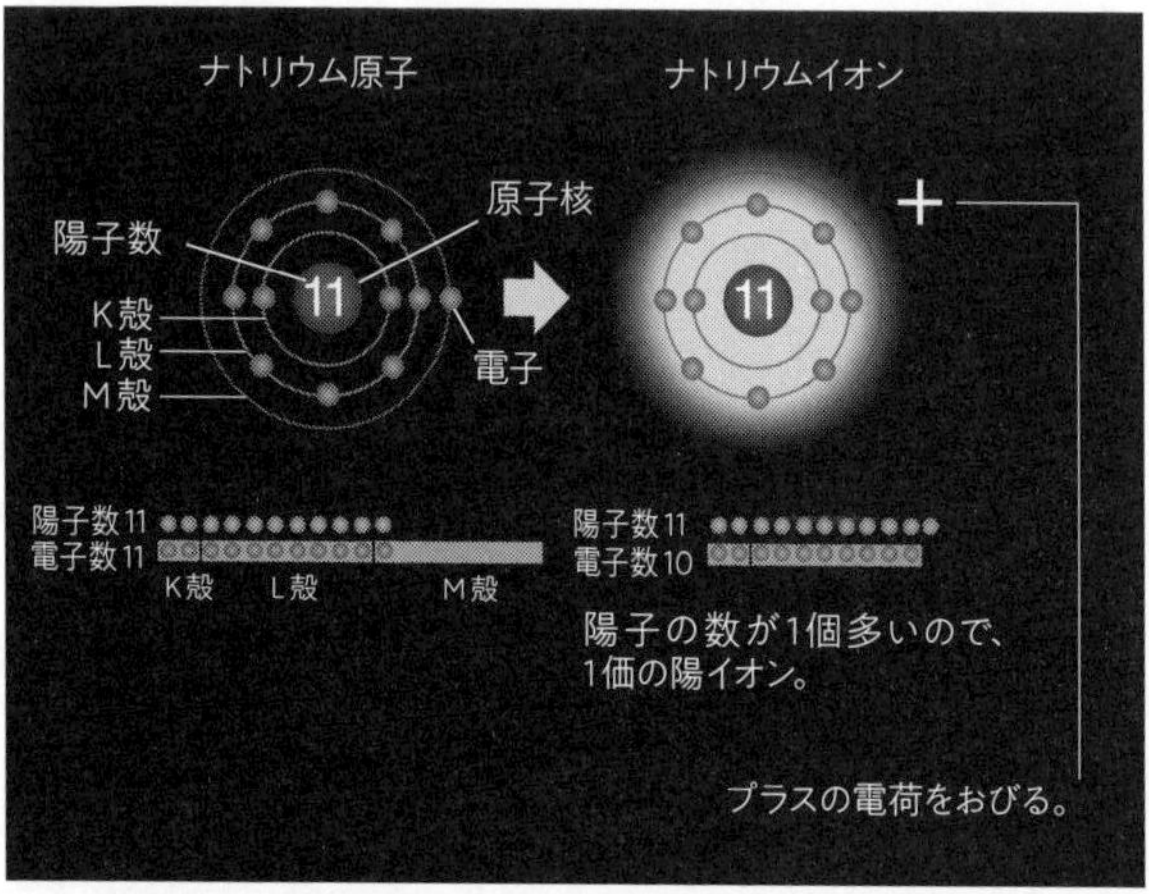

図4-4　ナトリウム原子とナトリウムイオン

のです。

　たとえば、食卓に欠かせない食塩の正体は塩化ナトリウムの結晶です。これは、ナトリウムイオンと塩化物イオンが、イオン結合によって結びついてきれいに整列したものです。

　食塩のほかにも、イオン結合でできた物質は身のまわりにたくさんあります。食塩と同じようにナトリウムイオンが含まれているものだけでも、ガラスの材料となる酸化ナトリウムや、虫歯予防に使われるフッ化

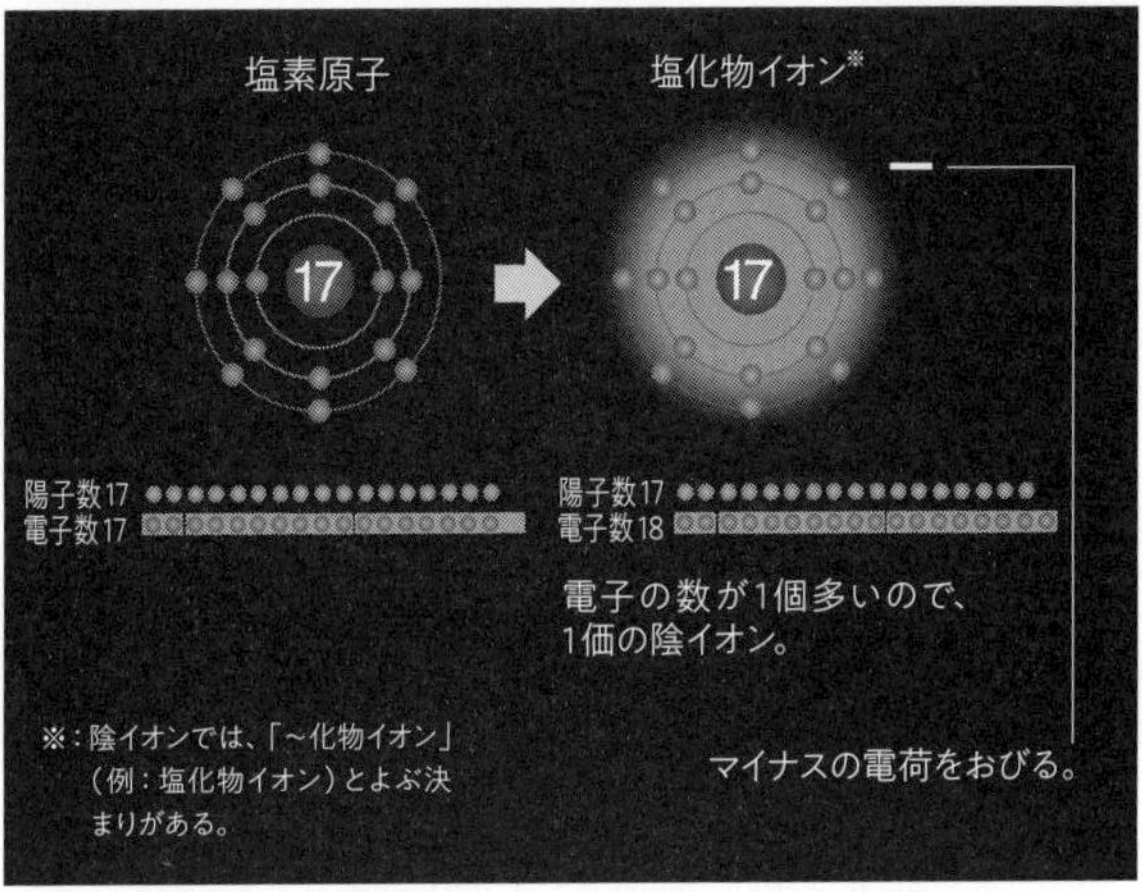

図4-5　塩素原子と塩化物イオン

ナトリウムなどがあります。

イオンについては、第5章でもくわしく取り上げます。

宝石や金は無数の原子がつながったもの

固体の物質を原子のレベルで見ると、たくさんの原子や分子などが結びついて、方向性をもつ規則的な並び方をくりかえしています。これを「結晶」といいます。

たとえば、ダイヤモンドは、炭素

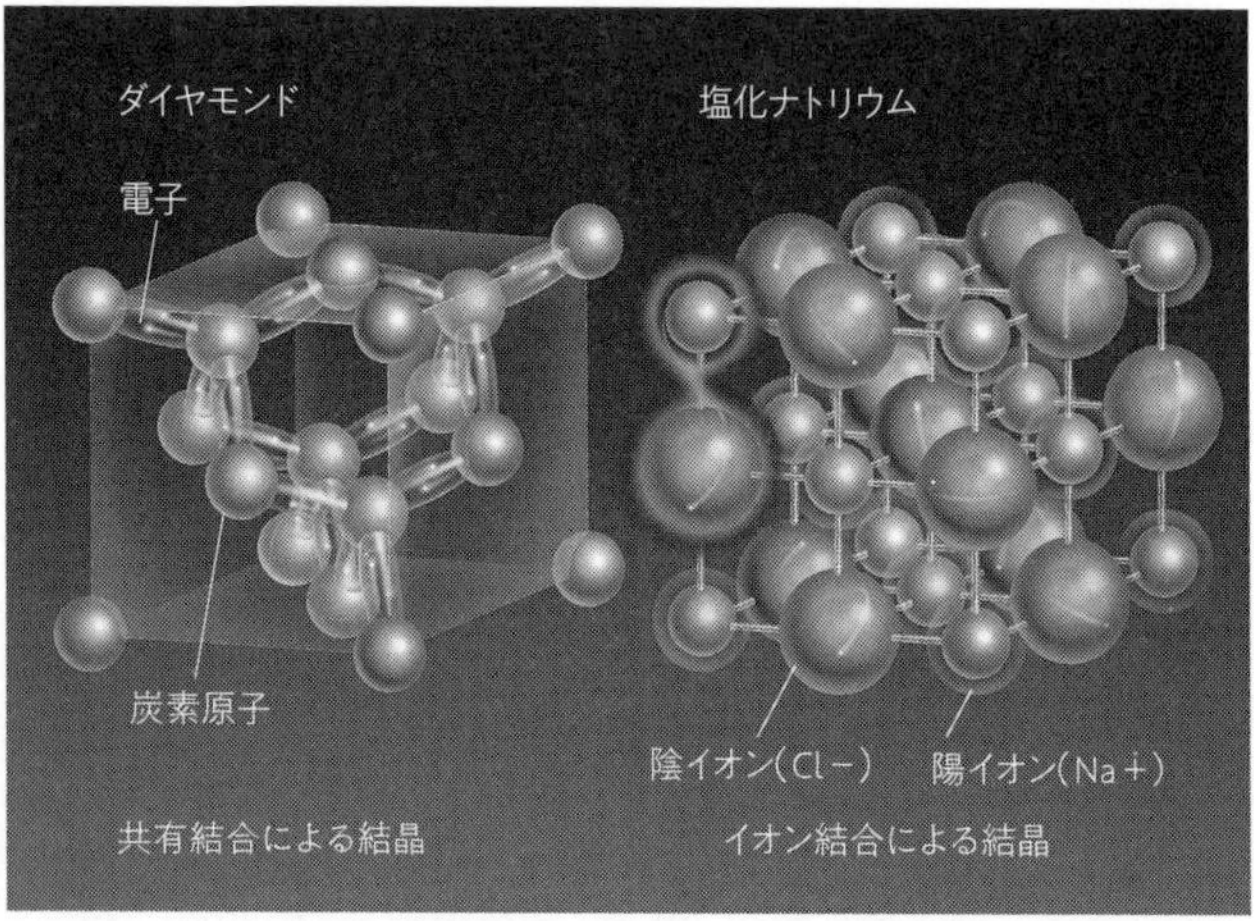

原子だけが共有結合してできた結晶（共有結晶）です。炭素原子には結合に関係する電子が4個あります。そのため、一つの炭素原子から、正四面体の頂点の方向に結合の手がのびて規則的な構造がつくられます（図4－6）。

次に金は、自由電子を仲立ちにした金属結合で結びついた結晶です（金属結晶）。金は「面心立方構造」という構造をしています。これは、できるだけ密に同じ大きさの球を詰めこもうとしたときにできる構造

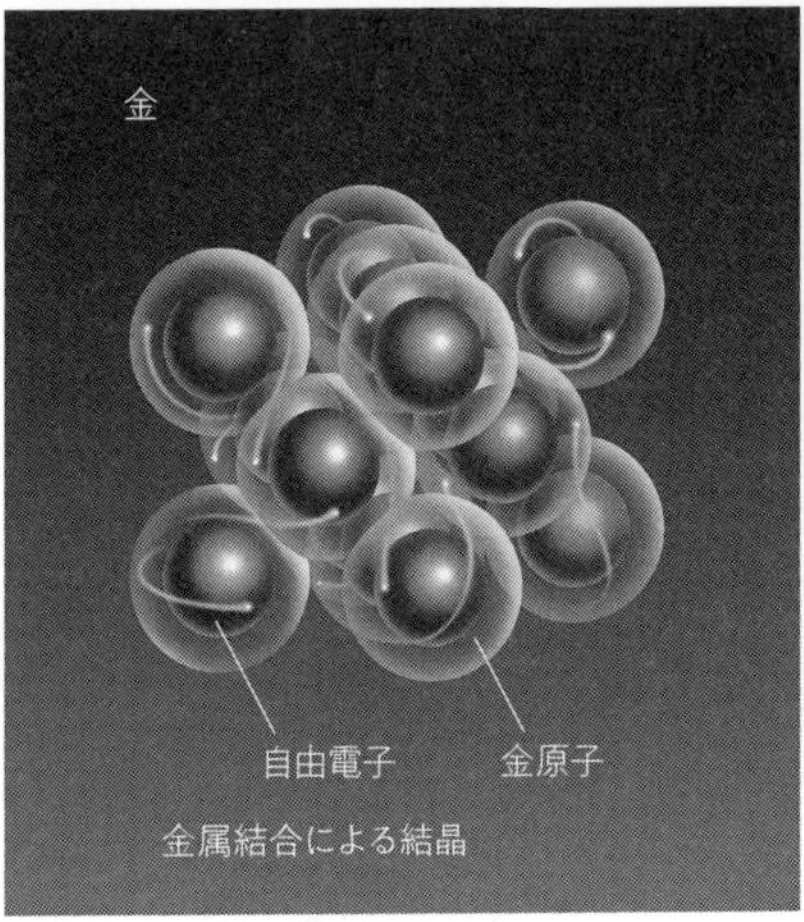

図4-6　さまざまな結晶構造

です。

そして、先ほども紹介したように、食塩（塩化ナトリウム）はイオン結合によってできた結晶です。ナトリウムイオンと塩化物イオンがきれいにとなりあってならんでいます。ナトリウムイオンにくらべると、塩化物イオンのほうが大きく、塩化物イオンがつくる面心立方構造のすき間にナトリウムイオンが入りこんだような構造をしています。

水分子は水素結合で結びついている

ここまで、原子どうしを強力に結びつける結合について見てきました。そのような結合によって、複数の原子が結びついた「分子」がつくられます。

さらに、この分子どうしも、ゆるく結びつくことがあります。そのような力を「分子間力」といいます。分子間力の存在は、物質の性質に大きく影響します。ここからは、この分子間力について見ていきましょう。

まず最初に紹介するのは、「水素結合」です。たとえば、水の中に存在する大量の水分子はたがいにゆるく結びついています（図４－７）。水分子どうしを結びつけているのが水素結合です。

また、氷の中でも、水分子が水素結合でつながることで、六角形の骨格をもつ結晶構造をつくっています。一般的な物質は、液体と固体では、固体の方が密度が大きく、液体の中に固体を入れると固体は沈みます。しかし、水は例外です。水素結

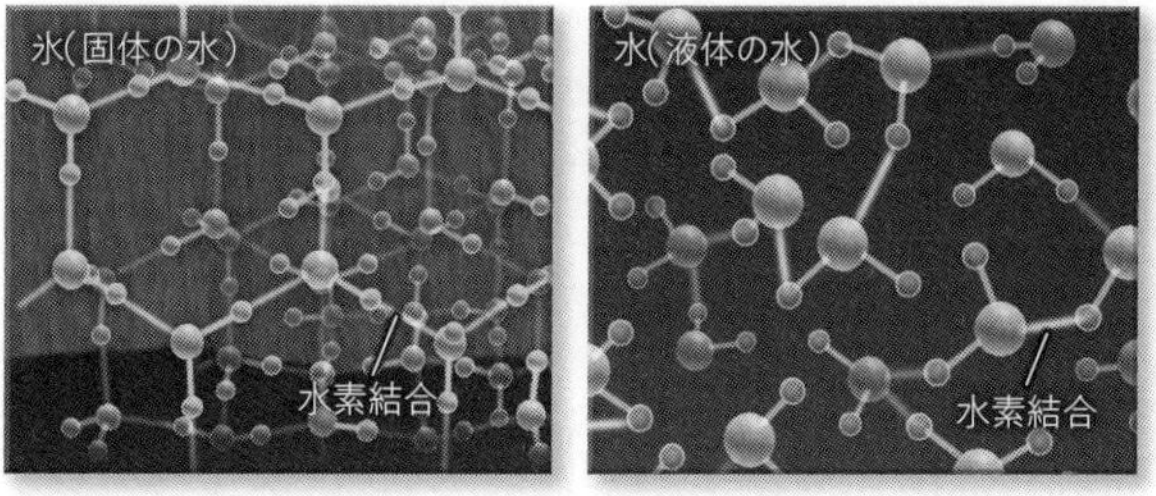

図4-7　水と氷の水素結合

合によってつくられた氷の構造は隙間が多いため、液体の水よりも密度が小さく、氷は水に浮くのです。

　このほかにも水の高い沸点や、大きな表面張力などの特徴も水分子どうしが水素結合でつながっていることでもたらされています。水素結合は、〝水らしさ〟をもたらす要因だといえるでしょう。

　では、いったいどうやって、水分子どうしは、結びついているのでしょうか。水素結合のしくみを見てみましょう。

　そもそも水分子は、一つの酸素原子と二つの水素原子が共有結合したものです。酸素原子と水素原子の間で電子を共有することで結びついているわけで

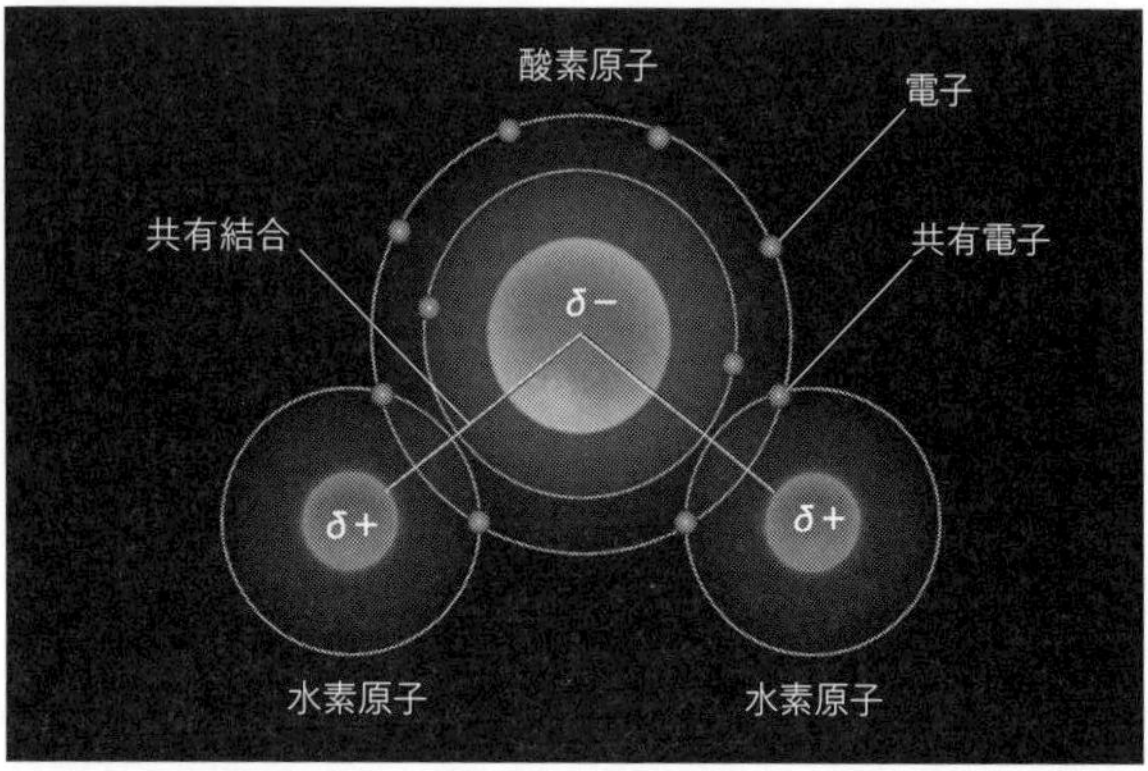

図4-8　水の極性

す（図４－８）。

　このとき、電子は、水素と酸素で〝平等に〟共有されているわけではありません。実は酸素原子と水素原子をくらべると、酸素原子の方が共有している電子を強く引き寄せているのです。

　そのため、酸素原子側は少しだけマイナスの電気を帯び、水素原子側は少しだけプラスの電気を帯びます。一つの水分子の中に、電気的にプラスの部分とマイナスの部分が存在するわけです。

　すると、ある水分子の少しだけマイナスの酸素原子と、別の水分子の少しだけプラスの水素原子の間で引き寄せる力が発生します。これが水分子の水素結合の正体です。

このようなしくみで分子どうしが引き寄せ合うのは、水にかぎったことではありません。ことなる種類の原子が共有結合した場合には、共有する電子が一方の原子の方へかたより、わずかにプラスとマイナスの電荷を帯びることがあります。このような性質を「極性」といいます。極性をもつ分子の間では、水分子と同じように引力がはたらきます。

とくに電子を引っ張る力の弱い水素原子と、電子を引っ張る力が強い別の原子が共有結合したときに極性が生じて、分子どうしが引き合うものを水素結合とよんでいます。

このような、共有結合したときの電子を引きつける力のことを「電気陰性度」といいます。電気陰性度の差が大きいほど、分子の極性が生じやすくなります。

水素結合は、体の中で大活躍

電気陰性度の差が大きい、Ｈ－Ｆ（水素－フッ素）、Ｈ－Ｏ（水素－酸素）、Ｈ－Ｎ（水素－窒素）などの結合が分子中にあると、その分子は水素結合をします。

たとえば、アンモニア（NH_3）やフッ化水素（HF）、酒に含まれるエタノール（C_2H_6O）なども水素結合で結びつきます。

さらに、生物の遺伝情報をつかさどる「ＤＮＡ（デオキシリボ核酸）」にも水素結合がはたらいています。ＤＮＡは、同じ構造をした２本の鎖が水素結合で束ねられた高分子（結合した原子の数が１０００をこえるような分子）です。その構造は、「ＤＮＡの二重らせん構造」とよばれています。

すべての細胞の核には、全長２メートルのＤＮＡがおさめられており、一人の人間のＤＮＡをすべてつなぎあわせると、１０００億キロメートルをこえるといわれています。

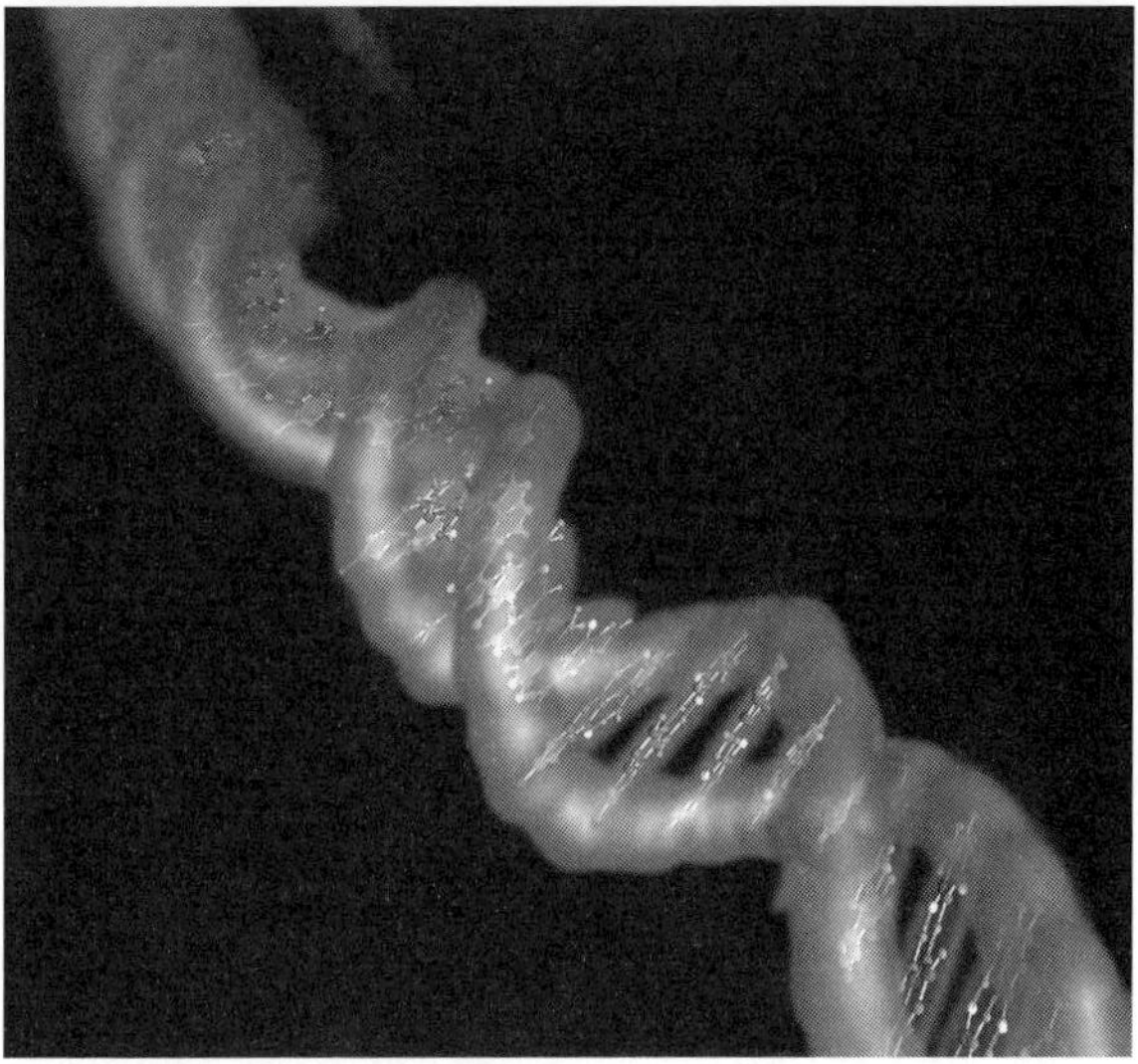

図4-9　DNAの二重らせん構造

ＤＮＡの鎖には、アデニン（Ａ）、グアニン（Ｇ）、シトシン（Ｃ）、チミン（Ｔ）という４種類の塩基というパーツがずらーっと並んでいます。この４種類の塩基の並びで、遺伝情報を保存しているのです。そして、この塩基が、相手となるＤＮＡ鎖の別の塩基と水素結合をします。これによって、ＤＮＡは2本に束ねられています。このとき水素結合をする塩基の組み合わせは必

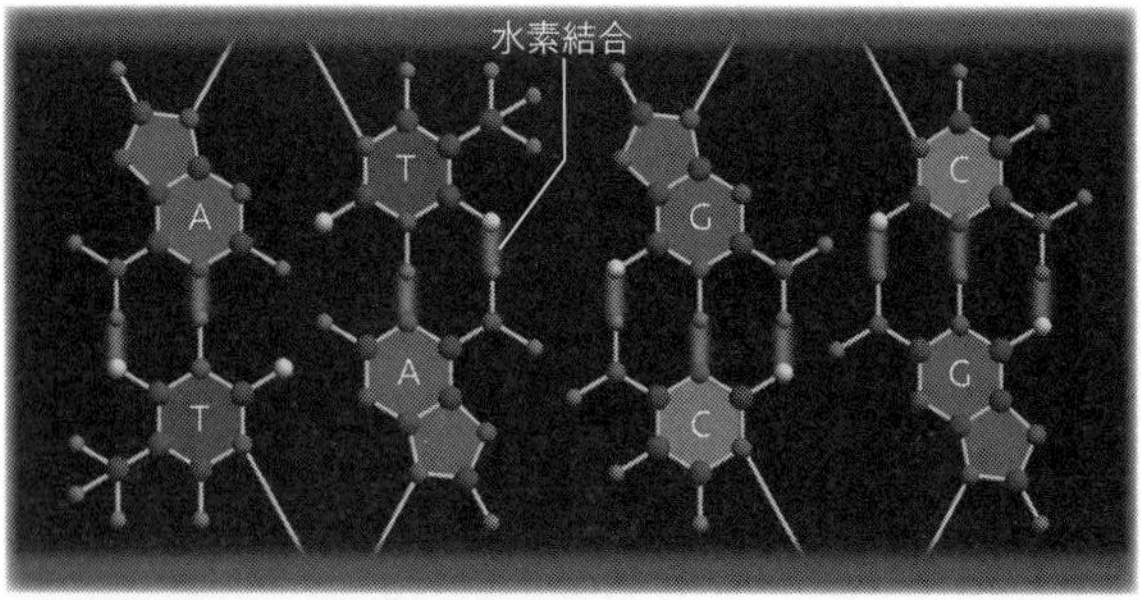

図4-10　DNAを構成する4種類の塩基

ず、アデニンとチミン、グアニンとシトシンになります（図4‐10）

水素結合の強さは、共有結合の10分の1程度しかありません。水素結合の強さは、2本のDNA鎖が容易にはなれて、それぞれが複製を行うのにちょうどよい程度になっています。

DNAのほかにも、体内でさまざまな化学反応を引きおこすタンパク質も、内部で水素結合をすることで、反応するためにふさわしい立体構造をとることができます。体の中で水素結合は大活躍しているのです。

すべての分子にはたらくファン・デル・ワールス力

水素結合は、極性をもつ分子どうしにはたらくものでした。しかし、たとえ極性をもたない分子でも、弱い引力がはたらきます。あらゆる分子にはたらく引力を「ファン・デル・ワールス力」といいます。

たとえば、酸素であれ、窒素であれ、冷やされた気体は液体や固体に変化します。酸素分子や窒素分子は、極性をもった分子ではありません。しかし、冷えて動きが弱まると、おたがいに引き寄せ合うことで、液体や固体に変化するのです。この「どんな分子にもはたらく謎の引力」が、ファン・デル・ワールス力です。オランダの物理学者のファン・デル・ワールス（１８３７～１９２３）によって発見されました。

ファン・デル・ワールス力はなぜはたらくのでしょうか。現在では、ファン・デル・ワールス力の主な発生原因は、やはり電気のかたよりであることがわかっています。では、一見電気のかたよりがなさそうに見える分子の場合、どこに電気のかたよりがあるのでしょうか。

たとえば水素分子（H_2）は、二つの水素原子が電子を共有しているため、基本的には電気のかたよりはありません。しかし、ある瞬間に時間を止めてみると、二つの電子が左側にかたよったり、右側にかたよったりしているはずです。この瞬間的な電気のかたよりが生じると、プラスとマイナスが引き合うなどして、周囲の分子にも同様の電気のかたよりをおこすはずです（図4-11）つまり、発生した電気のかたよりが伝染し、その結果、集団全体に引力がはたらくのです。これこそファン・デル・ワールス力の正体です。ファン・デル・ワールス力は、分子間の距離が近いほど、そして分子量が大きいほど、強くはたらきます。

突然ですが、夏の夜などに、トカゲのような姿をした「ヤモリ」を見かけたことはありませんか。ヤモリは天井や家の壁をまるで忍者のように走り回ります。ヤモリが天井や壁に張りつく力こそ、原子間にはたらくファン・デル・ワールス力

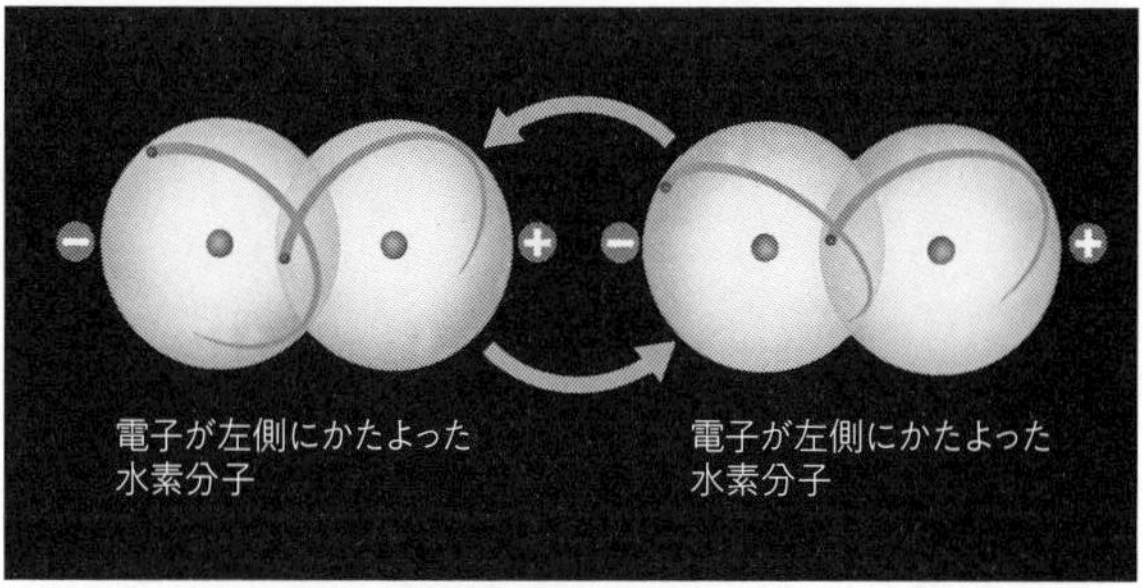

図4-11　水素分子の瞬間的な電気のかたより

です。

ヤモリの足の裏には非常に細かい毛が大量に生えています。この毛が壁の細かな凹凸にぴっちりはまることで、毛と壁の原子がすぐ近くまで接近します。その結果、両者の間でファン・デル・ワールス力が発生するのです。

１本の毛にはたらく力は微々たるものですが、ヤモリの足には約20億もの毛が生えており、それぞれにはたらくファン・デル・ワールス力が足しあわさることで、体を支えることができるのです。

ヤモリの足が壁に吸着する性能は非常に優秀なので、この構造を模倣した接着剤やテープの研究開発も行われています。

分子間力が物質の状態を左右する

分子間にはたらく力は、物質の状態や性質に大きく影響します。

物質は一般に、温度が高い方から順に、気体、液体、固体の三つの状態をとります。これを物質の三態といいます。

気体は、分子が猛烈な速さで飛んでいる状態です。分子自体が回転したり振動したりしています。分子の密度にもよりますが、気体の分子どうしはひんぱんに衝突をくりかえしています。ふだんは気づきませんが、目の前の空気中では、酸素分子や窒素分子が秒速数百メートルで飛びかい、たがいに衝突をくりかえしているのです。衝突と衝突の間のまっすぐに飛んでいる距離は、1万分の1ミリメートル程度です。

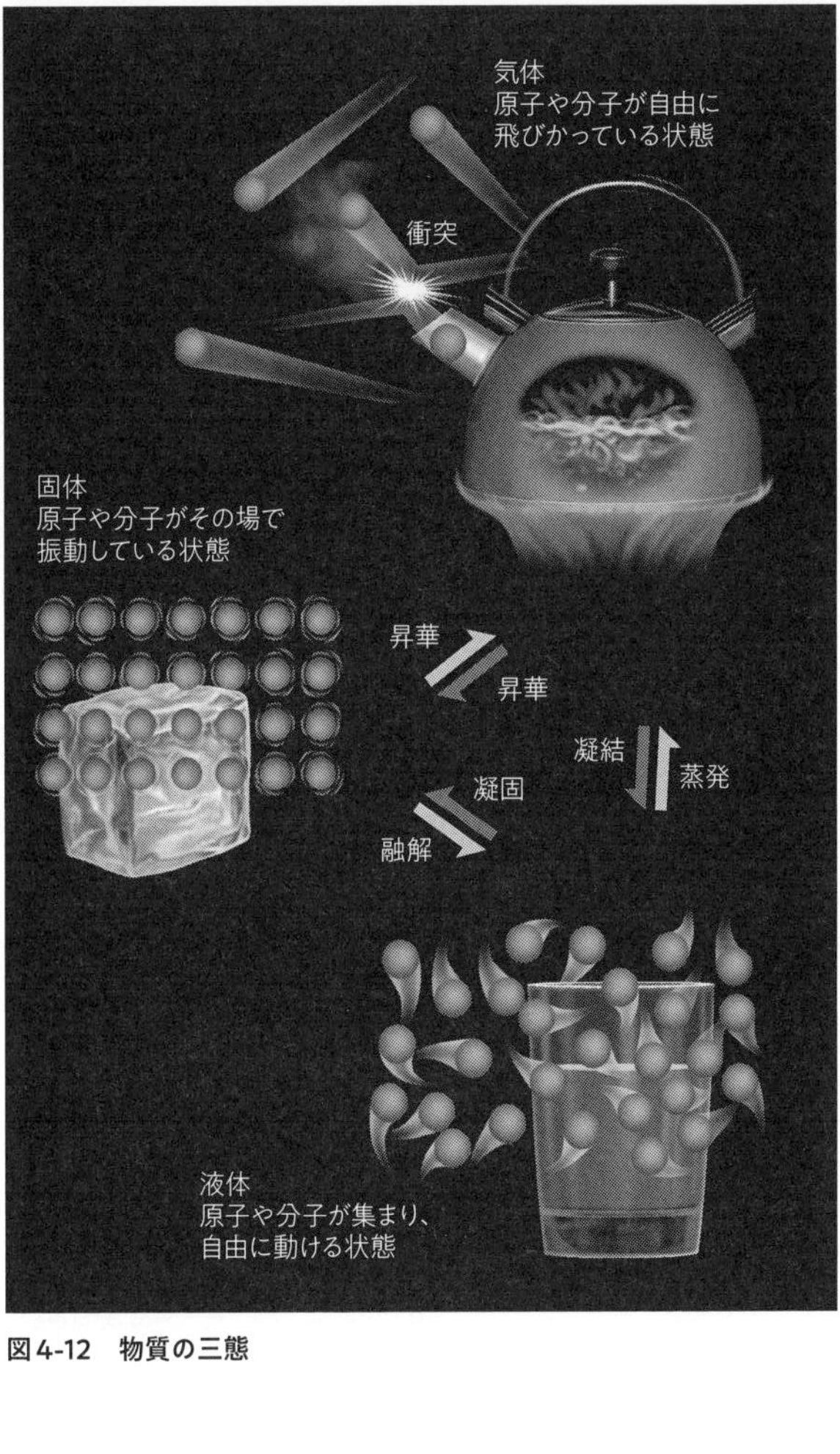
気体
原子や分子が自由に
飛びかっている状態
衝突
固体
原子や分子がその場で
振動している状態
昇華
昇華
凝結
蒸発
凝固
融解
液体
原子や分子が集まり、
自由に動ける状態

図 4-12　物質の三態

原子や分子どうしは適度に近づくと、たがいに引力をおよぼすようになります。気体の温度が下がる、つまり分子の速さが遅くなってくると、分子どうしが近づいたとき、引力によって集まるようになります。こうして分子が集まったのが液体です。ただし液体では、分子どうしはまだ自由に移動できます。分子自体が回転したり、のびちぢみしたりしているのは気体と同じです。

温度がさらに下がると、引力がまさって分子は自由に移動できなくなり、１か所にとどまるようになります。これが固体です。ただし固体でも、原子や分子は完全に静止しているわけではありません。原子や分子は常にその場で振動しているのです。振動は温度が高いほどはげしくなります。冷凍庫の中の氷でさえも、原子レベルで見れば、水分子がブルブルとふるえているわけです。

原子・分子間の引力の強さは、物質によってことなり、引力が弱いほど低温でも気体になりやすい（沸点が低い）といえます。たとえば水は、水素結合によって比較的強く分子どうしが結びついているので、気体になりづらく、同じ系統の物質の中でもとくに高い沸点（１００℃）をもちます。

あなたの目の前にある物体が固体なのか、液体なのか、気体なのかは、それを構成する原子や分子の性質が決めているのです。

第5章

身のまわりにあふれるイオン

物質どうしが反応しあうことによって新しい物質が生まれるのが化学反応です。電池が発電する、サビができるといった身近な化学反応の多くは、「イオン」によって引きおこされています。イオンとはどんなもので、どんなはたらきをもつのかを見ていきましょう。

イオンとは電気を流すと動く粒子

生活の中で「イオン」という言葉を耳にしたことはあるでしょうか。スポーツドリンクのCMなどで聞いたことがあるかもしれませんね。第4章でもごく簡単に触れたとおり、イオンとは、電子を受け取ったり、放出したりして、電荷を帯びるようになった原子、あるいは原子団のことをいいます。電子を放出したナトリウムイオンや、電子を受け取った塩化物イオンなどが、その代表例です。

イオンは私たちの身のまわりのあらゆるところに存在しています。体の中でも大

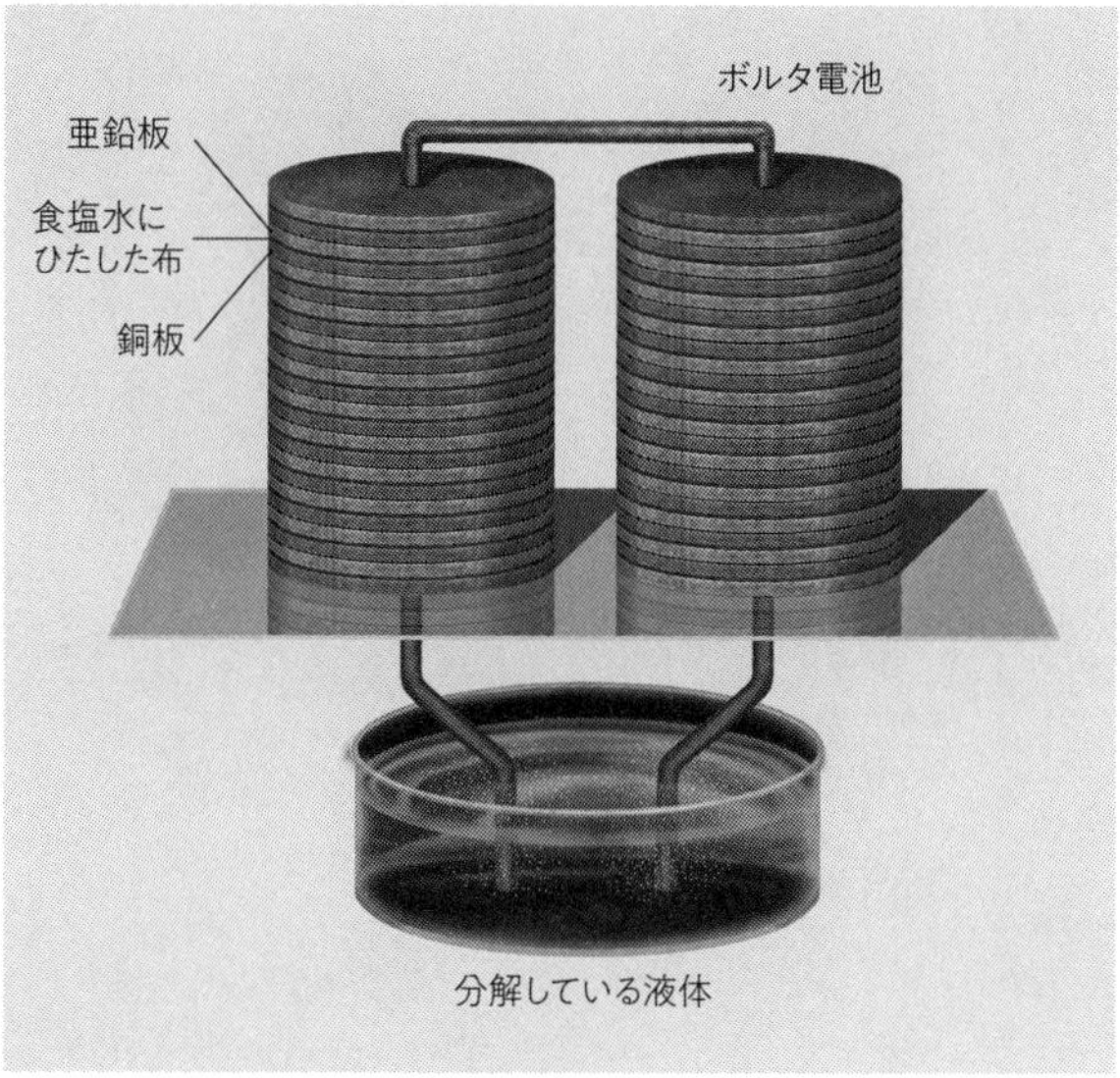

図5-1　ボルタ電池と気体の発生

量のイオンが血液中に溶けており、それが不足すると不具合が生じます。スポーツドリンクは、汗と一緒に体外に出ていってしまったイオンを補給できるようになっています。

　イオンはたくさんの化学反応にかかわっています。この第5章では、イオンとはどういうものなのか、そして、どのような化学反応をおこすのかをくわしく見ていきま

図5-2　マイケル・ファラデー

しょう。

まずは、イオンがいかに発見されたのか、その歴史を振りかえってみます。

イオンの存在について考える契機になったのは、１８００年に、イタリアの科学者、アレッサンドロ・ボルタ（１７４５～１８２７）が電池を発表したことです。電池の発表直後、電池の両端につないだ針金を水にひたすと、それぞれの針金から気体が発生することがわかりました（図５－１）。気体を調べると、すでに発見されていた酸素と水素だと判明しました。水が電気によって水素と酸素に分解されたのです。それを聞いた多くの研究者は、こぞってさまざまな液体に電気を流すことを試みるようになりました。しかし、当時は電子の概念もなく、電気は未知の現象でした。

そのような中、イギリスの科学者、マイケル・ファラデー（１７９１～１８６７、図５－２）は、厳密な実験を行うことで電気の性質を次々と明らかにしました。そして、ファラデーは、電気で物質が分解するしくみを独自の説で解説するようになります。電気を流すと、物質は電気の影響を受けて分解され、分解された物質が電極に向かうとファラデーは考えたのです（図５－３）。

１８３４年、ファラデーは電極に引き寄せられるように向かう物質を、ギリシア語の〝行く〟にちなんで「イオン（ｉｏｎ）」と名づけました。さらに、マイナス極（負極）に〝行く〟物質を「陽イオン」、プラス極（正極）に〝行く〟物質を「陰イオン」としました。

しかし、このときファラデーはイオンの実体が何であるかを知りませんでした。その後、イオンの実体を、電気を帯びた原子あるいは原子団であることを明らかにしたのが、スウェーデンのスバンテ・アレニウス（１８５９～１９２７）です。

当初、アレニウスの主張は受け入れられませんでした。なぜなら、原子はそれ以

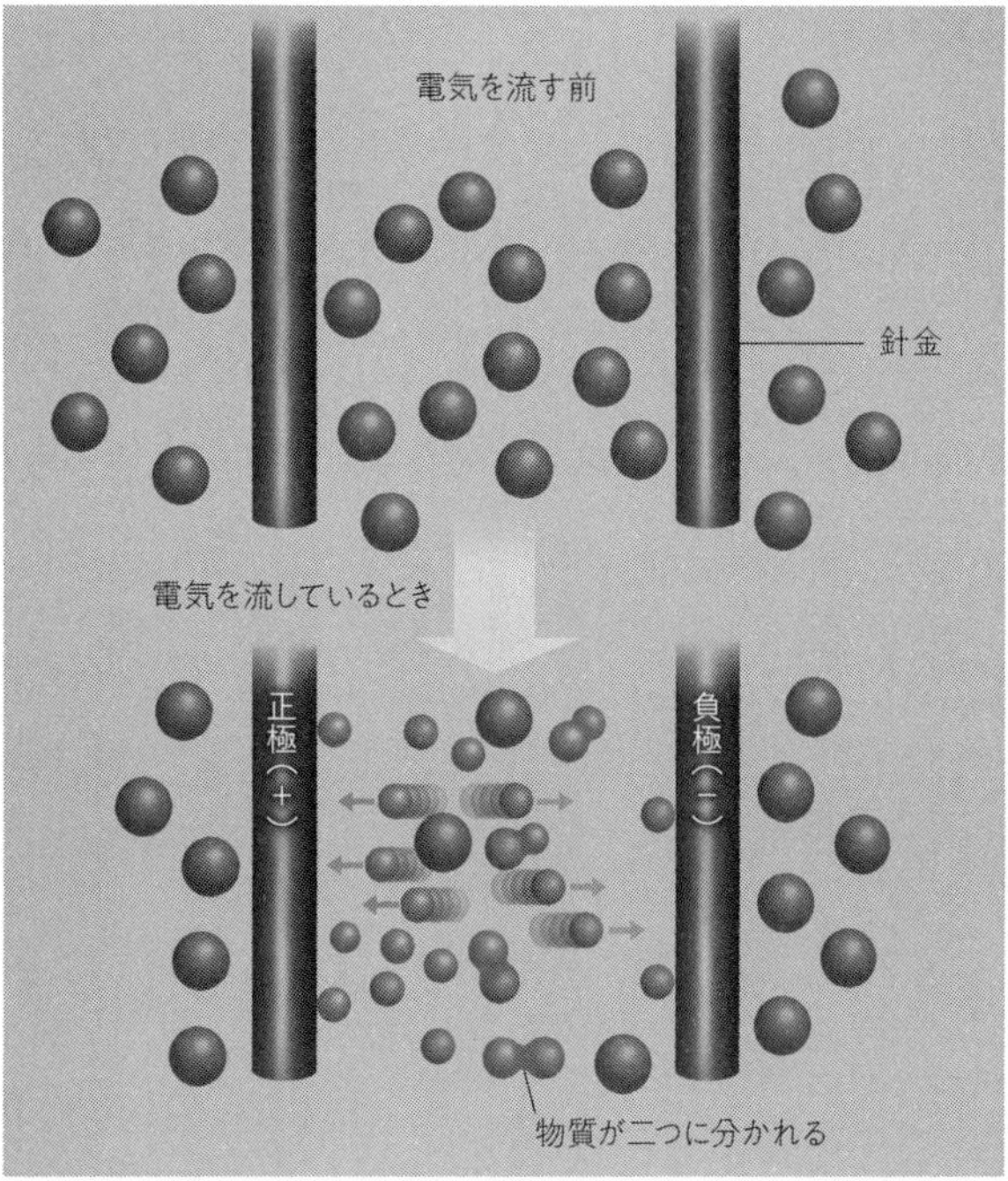

図5-3　分解される水

上分割できない最小単位と考えられており、それがどのように電気をもつのかなど、当時は理解できなかったからです。

のちに原子が、プラスの電荷を帯びた原子核と、マイナスの電荷を帯びた電子でできていることが明らかになると、アレニウスの説が正しいことが確かめられました。こうして、イオンの実体が明らかになったのです。そして、アレニウスはその業績により、1903年にノーベル化学賞を受賞しています。

原子とイオンのちがいは、電子の数にある

それではしばらく、4章のおさらいもかねて、イオンの正体を原子の構造から説明しましょう。

まず、すべての原子は、陽子と電子の数が同じです。たとえば、ナトリウム原子（原子番号11）には陽子と電子が11個ずつあります（図5-4）。

ここから、最外殻にある電子を1個失ったのが、ナトリウムイオンです。マイナスの電荷を帯びた電子の数よりもプラスの電荷を帯びた陽子の数の方が多くなるの

で、ナトリウムイオンはプラスの電荷を帯びることになります。このように、電子よりも1個だけ陽子の数が多くなってプラスの電荷を帯びたイオンを「1価の陽イオン」といいます。

次に、酸素（原子番号8）で考えてみましょう。酸素原子は陽子を8個、電子を8個もっています。酸素は最外殻に二つ空席があるため、2個の電子を受け取って、酸素イオンになります。つまり、酸素イオンは、陽子を8個、電子を10個もっていることになります。電子が2個多いことから、酸素イオン全体ではマイナスの電荷をもつことになります。この場合、電子が2個多いので、「2価の陰イオン」と表現します。

このように価数は、受け取ったり失ったりする電子の数と一致します。では、ある原子がイオンになるとき、いくつの電子を受け取ったり失ったりするのか、そこに法則性はあるのでしょうか。

その鍵は、やはり「最外殻にある電子の数」です。ここで思いだしてほしいのは、

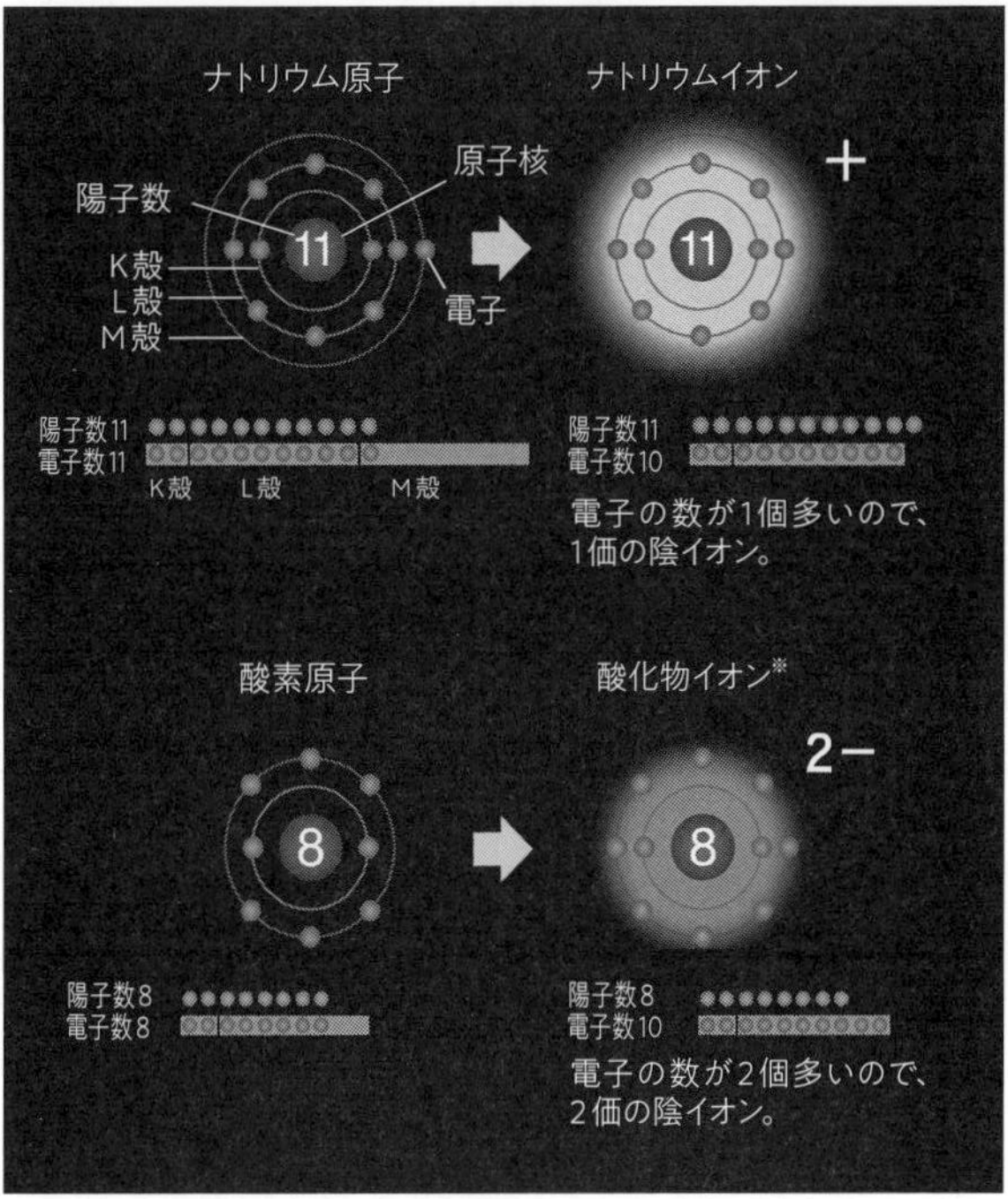

図5-4　ナトリウムイオンと酸化物イオン

最外殻にある電子の席がすべて埋まると、安定な状態になるという点です。

　たとえば、塩素原子（原子番号17）は、定員8の最外殻（M殻）に7個の電子をもっています。そのため、電子が1個ふえて陰

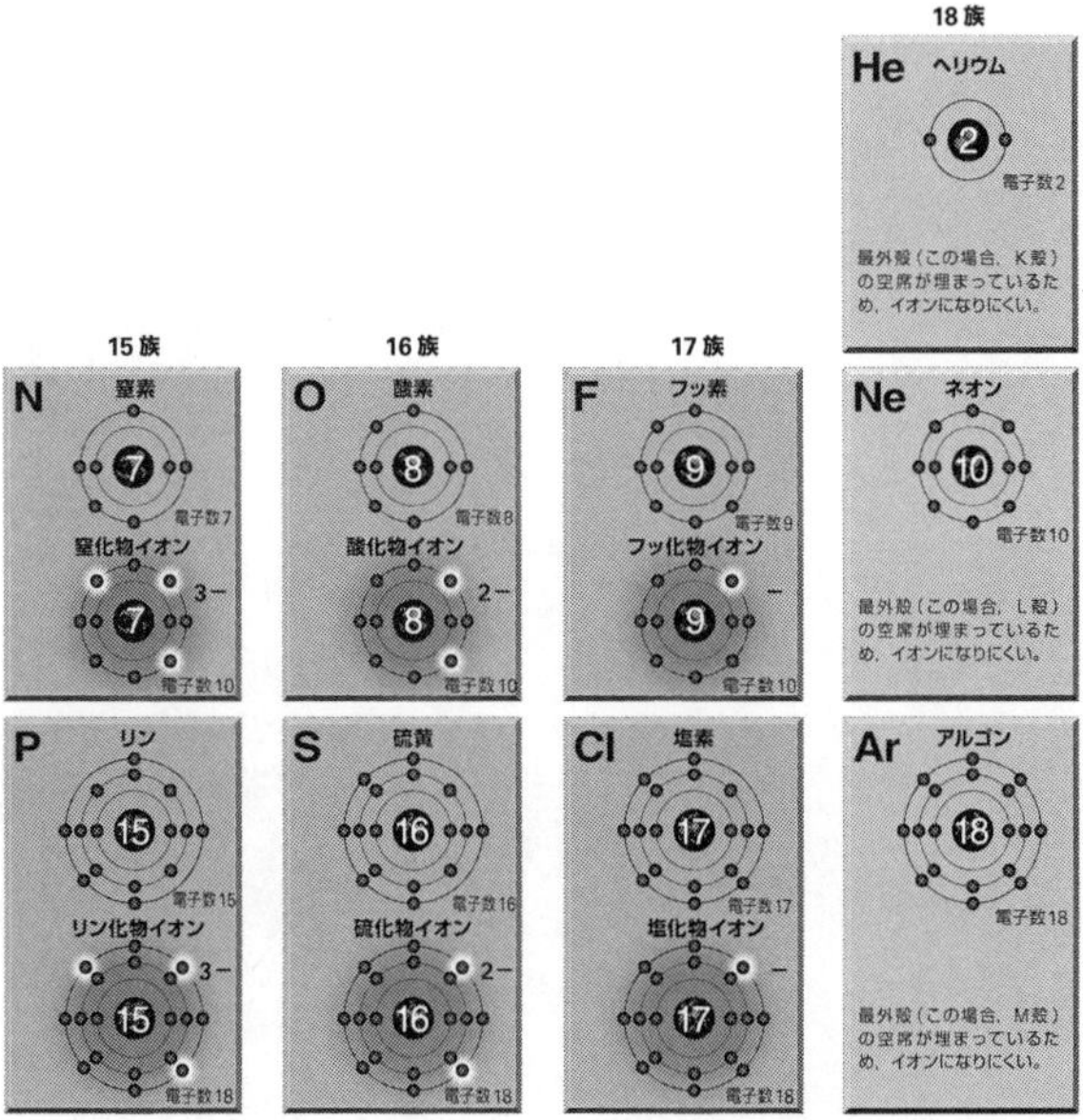

イオンになれば空席が埋まり安定します。ですから、塩素原子は、1個の電子を得て、1価の陰イオンになります。

それに対して、マグネシウム原子（原子番号12）は、最外殻（M殻）に電子を2個だけもち、残り6個は空席です。そのため電子が2個減って、2価の陽イオンになると安定します。

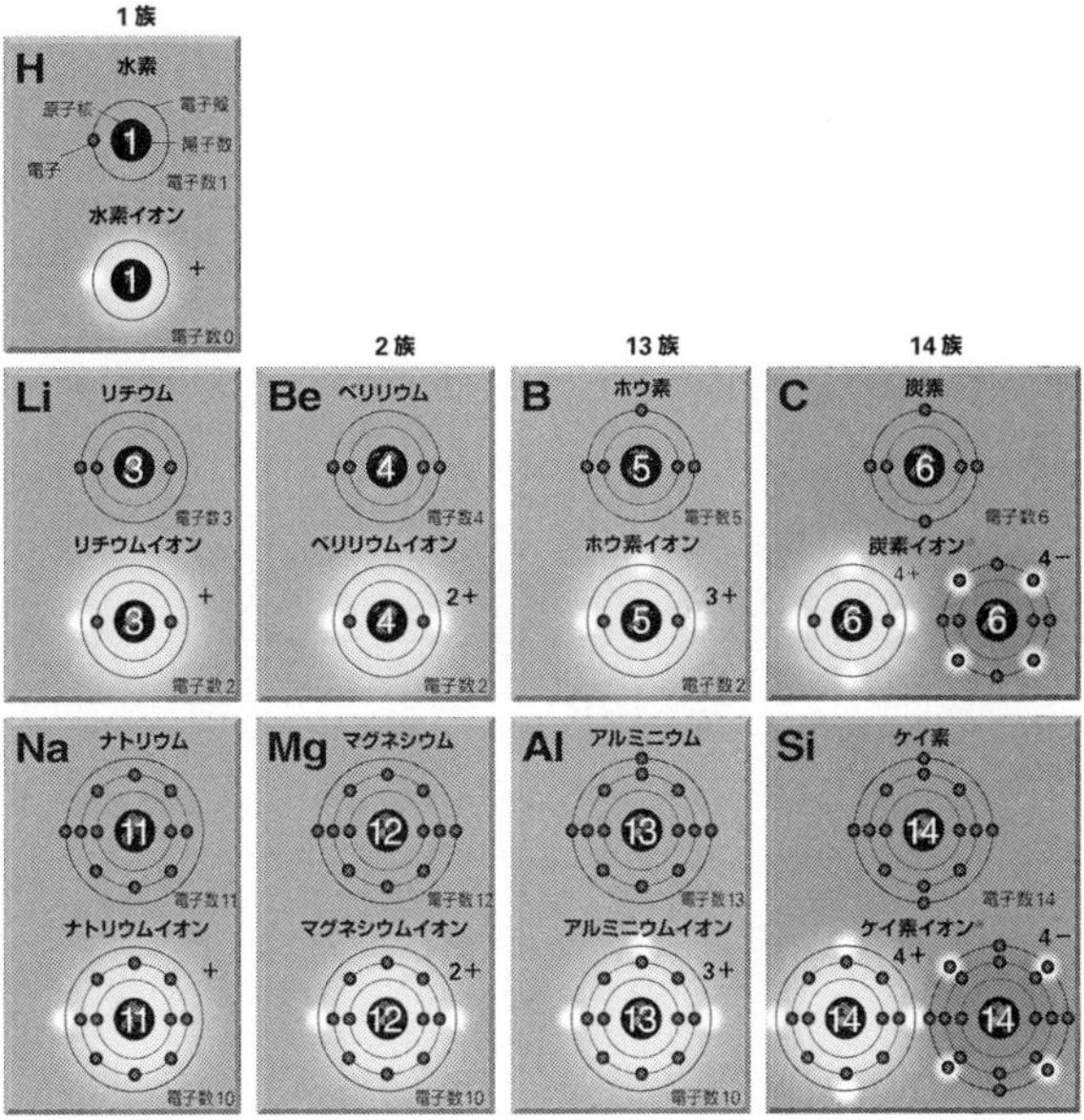

※どちらのイオンにもほとんどならない

図5-5　さまざまな原子とイオン

そして、すでに最外殻の空席が埋まっているネオン原子などは、イオンになりにくいという性質があります。

　このように原子は、最外殻の空席の数によって、電子がいくつ増減してイオンになるのかが決まるのです。周期表の縦の列は、最外殻にある空席の数がほぼ同じであるため、イオンになるとき、電子の増減する数がおおよそ同じになります。ですから、周期表を見れば、ある原子がどのようなイオンになるのかを推測することができるわけです（図5-5）。

水がイオンを引き抜いて食塩が溶ける

イオンとはどういうものなのかがわかったところで、ここからはイオンがかかわるさまざまな化学的な現象について見ていきましょう。私たちの身のまわりでおきるさまざまな現象にイオンは登場します。

まずはじめに紹介するのは、「食塩」が水に溶けるという現象です。食塩（塩化ナトリウム：NaCl）を水に入れると、はじめは目に見えていた粒が徐々に溶けていくことで、最終的には見えなくなります。このとき、水の中では何がおきているのでしょうか。

物質が水に溶けるとは、水分子と均一にまざることを指します。食塩は、ナトリウムイオン（Na^+）と塩化物イオン（Cl^-）が交互に並んでできており、２種類のイオンはプラスとマイナスが引き合って結合しています。これがイオン結合でしたね。ところが、この結晶を水に入れると、結合していたはずの２種類のイオンがばらばらに分かれてしまうのです。なぜプラスの電荷とマイナスの電荷でしっかり結びついていたイオンがばらばらに分かれるのでしょうか。

それは、水の「極性」という性質によっています。４章でも説明したとおり、１個の水分子の中で、水素は弱いプラスをもっており、酸素は弱いマイナスをもっています。そのため、食塩を水に入れると、プラスの電荷をもつナトリウムイオンには水分子のマイナス部分が、マイナスの電荷をもつ塩化物イオンには水分子のプラス部分が引き合います。そしていくつもの水分子がイオンを取り囲むことで、食塩の固体からイオンを引き抜いていくのです。こうして、食塩の結晶がばらばらに分かれて溶けていきます（図５－６）。

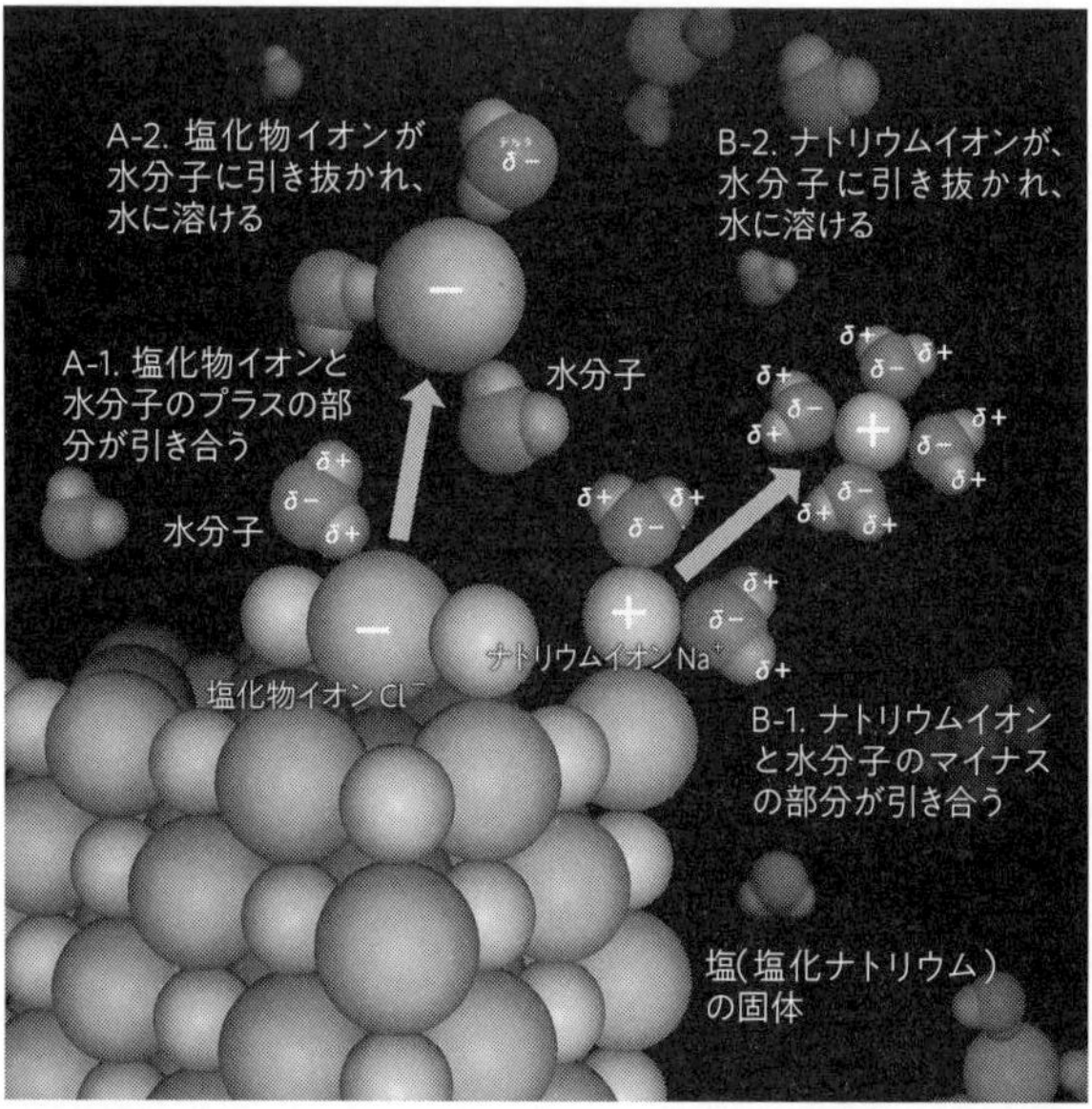

図5-6　水に溶けていく食塩の結晶

食塩のように、水中でイオンに分かれる物質のことを「電解質」といいます。逆に、水中でイオンに分かれない物質のことを「非電解質」といいます。

　なお、水の中でイオンにならない非電解質であるからといって、水に溶けないわけではありません。ブドウ糖や砂糖などは電解質ではありませんが、水分子のように極性をもった分子なので、イオンが水に溶けるときと同じようなしくみで水に溶けます。

さて、食塩のような電解質は、「凍結防止剤」として使われることもあります。凍結防止剤とは、冬、道路上の水が凍って、自動車がスリップすることを防ぐためにまかれるものです。これは電解質が溶けた水が凍りにくいことを利用しています。

たとえば食塩を水に溶かせるだけ溶かすと、その水の凍る温度（凝固点）はマイナス21℃にまで下がります。この現象は「凝固点降下」とよばれます。凝固点降下は、砂糖を水に溶かしてもおきます。しかし、食塩と砂糖を同じだけ水に溶かし温度を下げると、食塩の方が凝固点は大きく下がります。これは、食塩の方が溶ける粒子の数が多いためです。水の中に溶けた粒子の数が多いほど、水は凍ることを邪魔されるため、より低い温度で凍るようになるのです。

魚に塩をふるとおいしくなる

次に紹介するのは、焼き魚と食塩の化学です。

料理のレシピを見ると、焼き魚をつくるときには、まず、生魚に食塩を振るように書いてあるものが多くあると思います。いわゆる振り塩です。これは、魚に塩味をつけることだけが目的だと思っていませんか。実は振り塩の目的はそれだけではありません。振り塩によって、焼き魚は、塩味がつく以外の理由でもおいしくなるのです。振り塩をすると何がおきるのか、ミクロの目で見てみましょう。

魚に食塩を振ると、まず、身の表面に濃い塩水の層ができます。先ほど見たように、ここで食塩は溶けて、ナトリウムイオンと塩化物イオンに分かれます。そしてこれらのイオンは、それぞれ水分子をまとって大きな構造になります(図5－7)。

次に、魚の方に注目しましょう。魚の表面をぐーっと拡大すると、細胞をおおう細胞膜が見えてきます。細胞膜には、実は微小な〝穴〟がたくさん空いています。

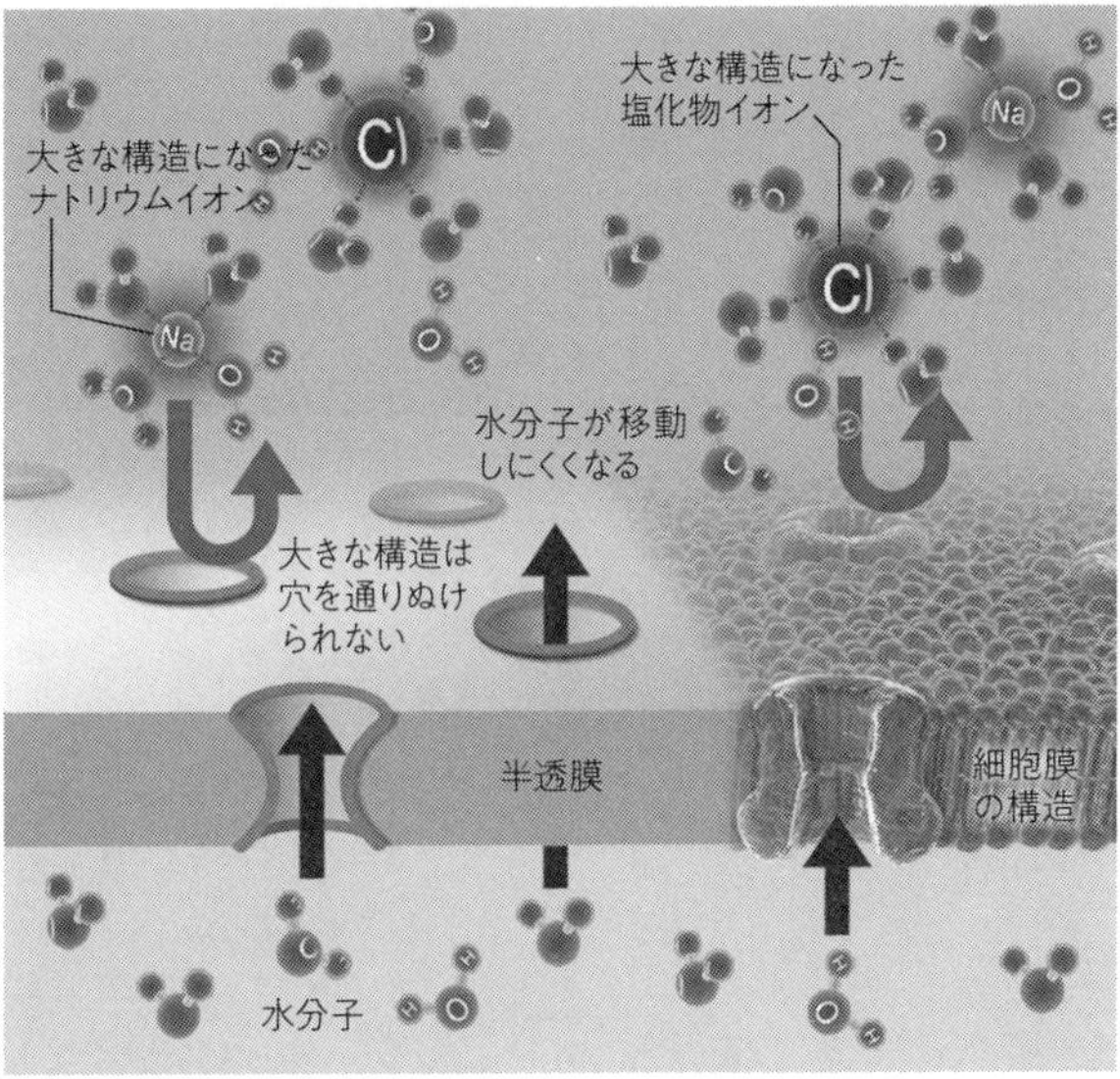

図5-7　食塩を振った魚の細胞膜

そのため、通常であれば、水分子はこの穴を通って細胞内外を行き来することができます。

しかし、振り塩をした魚の表面に存在するナトリウムイオンと塩化物イオンは、大きな構造となっているため、細胞膜の穴を通ることはできません。さらに、これらのイオンが大量に存在すると、水分子の移動がさまたげられます。つまり、食塩を振った魚の表面では、塩水側から細胞内へと移動する水分子が減ってしまうのです。一方で、細胞内から外側への水分子の移動は、相変わらずおきています。

その結果、魚の細胞内から外へと水がじょじょにしみ出てきます。水がしみ出ることによって、魚の身はしまり、さらに、水に溶けていた臭みの成分が水と一緒に出てきます。これによって、焼き魚はよりおいしくなるのです。これが振り塩の目的です。

魚の細胞膜のように、小さな水分子は通すけれど、それよりも大きな物質を通さない膜を「半透膜」といいます。一般に、塩分濃度のことなる水の間に半透膜があると、水は塩分の濃い側へと移動していきます。このように半透膜を通して水を移動させる圧力のことを「浸透圧」とよんでいます。

私たちがふだんさす目薬なども浸透圧を考慮してつくられています。目の細胞内は物質の濃度が高くなっているため、普通の水道水などが目に入ると、水が細胞内へと流れこみ、目が膨張して痛みを感じてしまいます。そこで目薬は、痛みを感じないように、塩が添加されており、体液とほぼ同じ浸透圧に調整されているのです。

レモンがすっぱいのは、酸のせい

次のテーマは、酸と塩基です。塩基は、アルカリといった方が聞き覚えがあるかもしれませんね。小学校の理科の授業で、赤や青のリトマス試験紙を使って、酸とアルカリの実験をしたことがある方もいることでしょう。

身近な酸といえば、レモンなどに含まれているクエン酸があります。この酸のせいで、レモンはすっぱく感じます。では、そもそも酸とは何なのでしょうか。

「酸」とは、水中で水素イオン（H^+）を生じる物質のことをいいます。たとえば、塩化水素（HCl）は、水に溶けると、水素イオン（H^+）と塩化物イオン（Cl^-）に分離します（図5－8）。ですから、塩化水素は酸です。

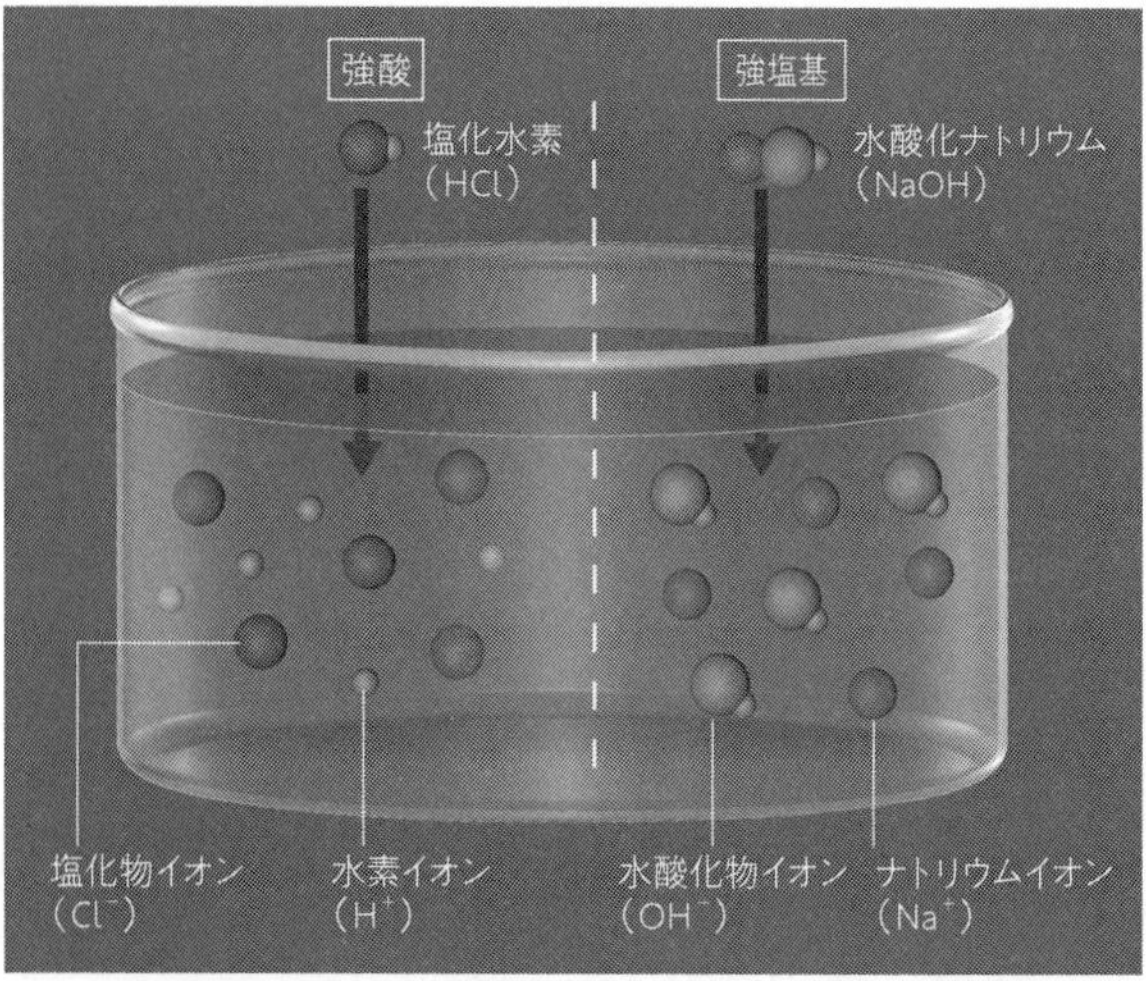

図5-8　酸と塩基

レモンなどに含まれるクエン酸も水に溶けると、分子中から水素イオン（H^+）が分離します。この水素イオンが舌のセンサーにとらえられると、私たちはすっぱいと感じるのです。すっぱい味のように、酸の水溶液がもつ性質のことを「酸性」といいます。

酸と対をなすのが「塩基」です。塩基とは、水に溶けると「水酸化物イオン（OH^-）」を生じる物質のことをいいます。

たとえば、水酸化ナトリウム

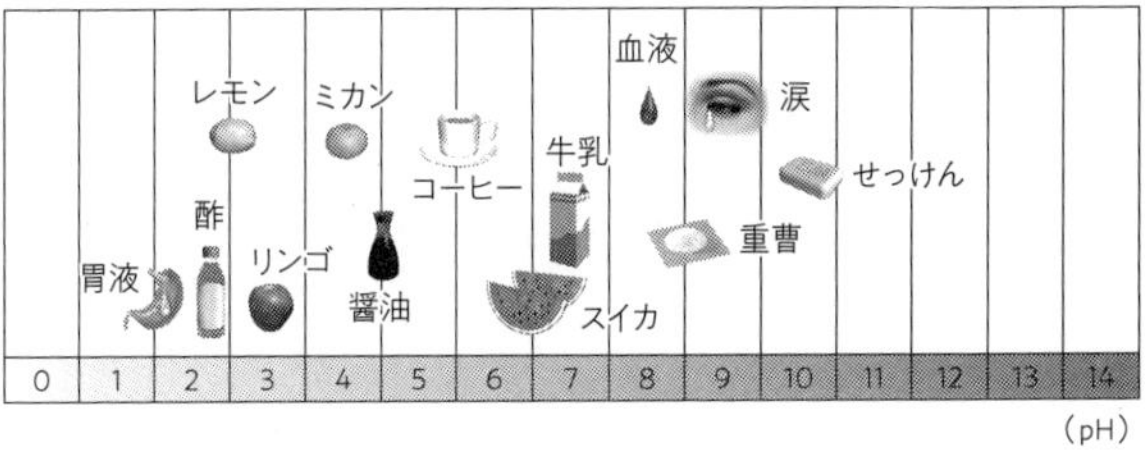

図5-9　pHの値

（NaOH）は、水中では、水酸化物イオン（OH^-）とナトリウムイオン（Na^+）に分離します。ですから、水酸化ナトリウムは塩基です。塩基の水溶液は、苦味があり、タンパク質を溶かすなどの性質をもちます。このような塩基の水溶液がもつ性質のことを「塩基性」または「アルカリ性」といいます。

簡単にまとめると、水素イオン（H^+）を生じるのが酸、水酸化物イオン（OH^-）を生じるのが塩基ということです。

水溶液の酸性と塩基性の程度は、「pH」という指標であらわします。熱帯魚や海水魚の飼育が趣味の方などは、pHは、おなじみの単語かもしれません。

pHの値は、水溶液中の水素イオンの濃度で決まります。たとえば、水素イオンの濃度が水溶液1リットル中に「10^{-2}（＝0.01）モル」であるとき、10の指数からマイナスをとった値がpHになります。この場合は、「pH2」となります。

pHは、0から14までの値となります。pHが0に近いほど強い酸性であり、14に近いほど強い塩基性です。酸性でも塩基性でもない状態を「中性」といい、そのpHは7です。レモンのpHは2くらいなので、かなり強い酸性であることがわかります。

酸と塩基は、たがいをまぜあわせると、相手の性質を打ち消します。そして、このとき「塩」を生じます。塩とは、酸と塩基を反応させたときに生じる化合物の総称です。

たとえば、強酸の硫酸（H_2SO_4）と、強塩基の水酸化バリウム（$BaOH_2$）を反応させると、硫酸バリウム（$BaSO_4$）という塩ができます。このとき、酸の水素イオンと塩基の水酸化物イオンが結合して、水も生じます（図5-10）。このように酸と塩基が反応し、塩が生じることを「中和」といい、中和がおきると水素イオンと水酸化物イオンが消失するため、酸性・塩基性は打ち消されます。

ここで、中和を使ったおもしろい実験を紹介しましょう。すっぱいグレープフルーツに、食用の重曹（炭酸水素ナトリウム、$NaHCO_3$）をかけてみるのです。するとグレープフルーツがとても食べやすくなるはずです。重曹は、弱い塩基性の物質です。これがグレープフルーツのクエン酸と反応すると、中和によって塩基性と酸性が打ち消され、すっぱさがやわらぐのです。

また、クエン酸と重曹による中和反応では、水だけ

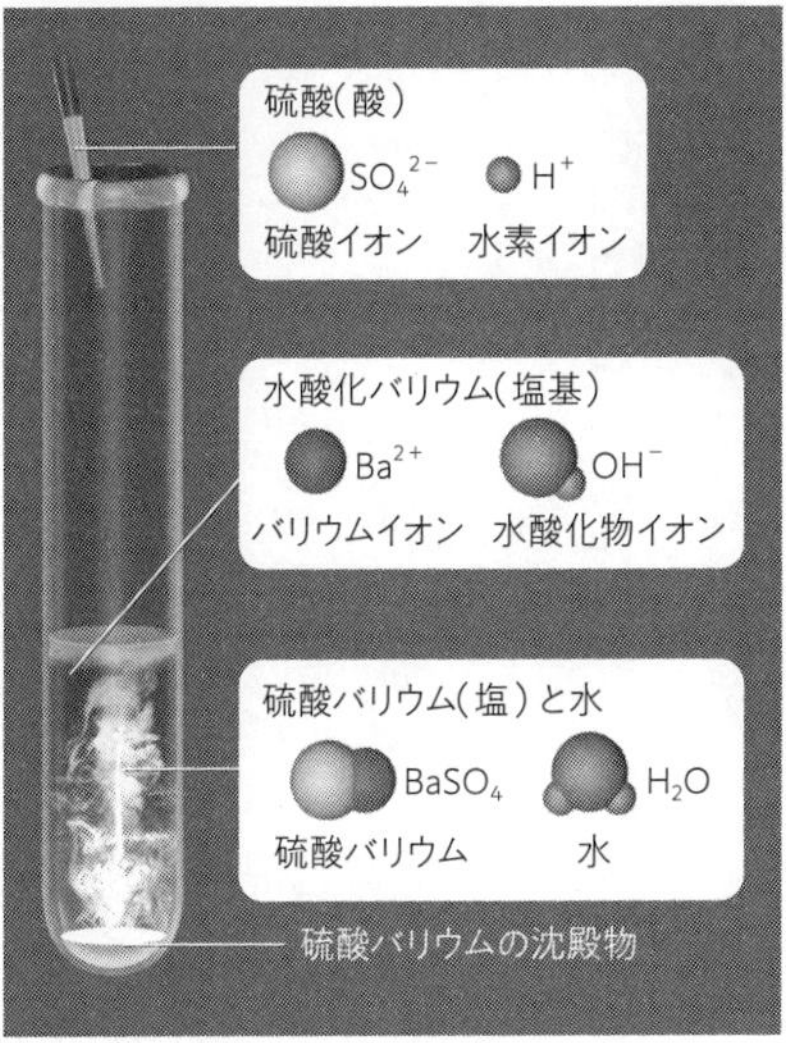

図5-10　硫酸と水酸化バリウムを反応させると、硫酸バリウムと水が生じる

でなく二酸化炭素（CO_2）も発生します。ですから、水に食用の重曹と食用のクエン酸を入れてまぜると、シュワッとした炭酸水をつくることができます。ただし、この反応では、塩として「クエン酸ナトリウム」という物質が生じてしまいます。これはあまりおいしくないので、レモンなど香りのつくものを加えることでおいしく飲むことができます。

胃液は強力な酸性の液体

私たちは体の中に、強い酸性の液体をもっています。胃の中で分泌される「胃液」です。胃液はpH1〜2とかなり強い酸性です。これは胃液に「塩酸」が含まれるからです。胃の中では、主にタンパク質が消化（分解）されますが、それには塩酸が不可欠なのです。

といっても、タンパク質を切って直接分解するのは、「ペプシン」（タンパク質分解酵素の一種）という物質です。しかし、このペプシンは胃壁から分泌されるときは、まだ分解する能力をもっていません。なぜなら、胃の中に分泌される前にその能力があると、体の構成成分を分解してしまい、胃自体が消化されてしまうからです。

そこで、ペプシンは水素イオンと出会ってはじめてタンパク質を分解する能力をもつようになっています。胃壁からは、分解能力をもたないペプシンと、塩酸が別々に分泌され、これらが胃の中で両者がまざりあうことで、ペプシンがタンパク質を分解できるようになるのです。

さらに、魚や肉などの食物に含まれるタンパク質は、そのままでは分解しにくいものです。タンパク質はアミノ酸がつらなったひも状の物質で、ひもが複雑にからまりあった構造をしています。そのため、ひもをほどかないと、なかなか分解が進まないのです。

水素イオンが、タンパク質に結合すると、タンパク質の構造が壊れ、ひもをゆるんだ状態にすることができます。これによって、ペプシンがタンパク質を分解しやすくなります。

ほかにも胃液には、体に入ってきた細菌などを水素イオンの力で殺し、体内を守るはたらきもあります。

「まぜるな危険」の洗剤をまぜるとどうなる？

酸と塩基の話題に関連して、「まぜるな危険」と書いてある洗剤についても、説明しましょう。洗剤には、塩素系洗剤と酸性洗剤があり、これら二つの洗剤をまぜると、とても危険です。

まず、塩素系洗剤の多くには「次亜塩素酸ナトリウム」という物質が入っています。これは次亜塩素酸という弱い酸と、水酸化ナトリウムのような強い塩基が反応してできた塩です。「弱酸」と「強塩基」からできた塩であることを覚えておいてく

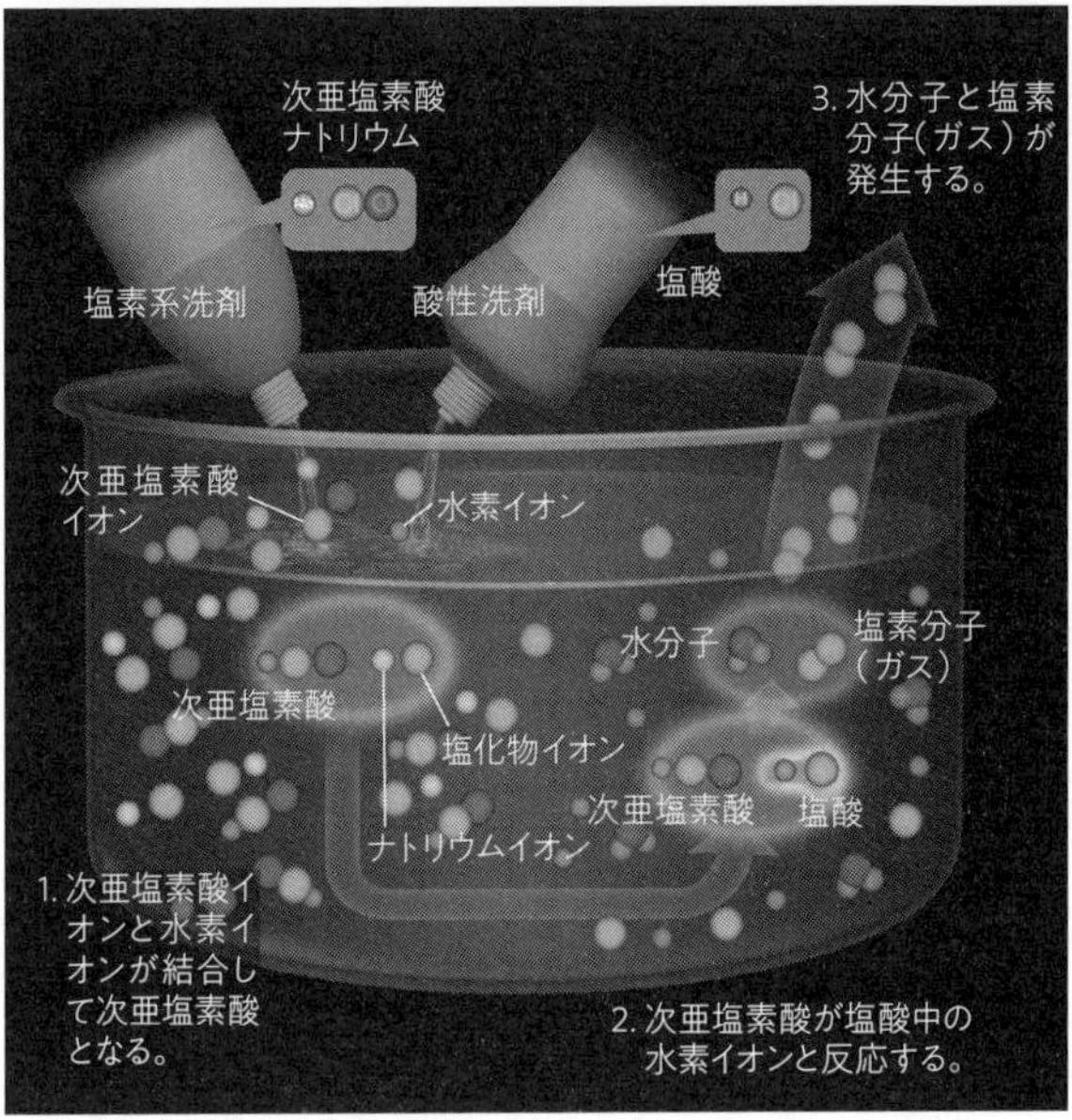

図5-11　「まぜるな危険」の洗剤の反応　塩素系洗剤と酸性洗剤をまぜると有毒な塩素ガスが発生する。

ださい。

一方の酸性洗剤は、主に強酸の「塩酸」が成分です。

この二つの洗剤をまぜるとはげしい反応がおきます。そして、塩化ナトリウム（塩）と「次亜塩素酸」という物質ができます。この次亜塩素酸がよくありません。次亜塩素酸は非常に分解されやすく、あっという間に水と「塩素ガス」になってしまいます。塩素ガスは私たちの体に非常に危険なガスです。吸いこむと一瞬で意識を失い、処置が遅れるとそのまま命を落とすことさえあります。そのため、このような危険性のある塩素系洗剤や酸性洗剤には「まぜるな危険」と記載されているのです。

なぜ、このような反応がおきるのでしょうか。それは〝強いもの〟どうしで、塩をつくろうとするからです。

塩素系洗剤には、弱い酸（次亜塩素酸）と強い塩基（水酸化ナトリウムなど）からできた塩（次亜塩素酸ナトリウム）が含まれているのでしたね。ここに、強い酸（塩酸）を加えると、強い酸と強い塩基の塩（塩化ナトリウム）ができて、弱い酸（次亜塩素酸）が分離してしまうのです。

やっかいなことに、塩素系洗剤は、酸性洗剤だけでなく、次亜塩素酸よりも強い酸であれば、まざったときに反応をおこしてしまいます。そのため、たまたまお酢がかかっていた台所のシンクで塩素系洗剤を使ってしまうと、次亜塩素酸が分離して塩素ガスが発生し、命を落とす事故につながりかねません。塩素系洗剤を使うときには、十分に注意しましょう。

金属のサビは酸素が結びつく「酸化」反応

酸・塩基の話はここまでにして、次は、酸化や金属のサビがテーマです。私たちのまわりにある身近な金属のサビには、すべて「酸化」という現象がかかわっています。ここにもイオンが登場します。

酸化というと、一般的には物質が「酸素原子と結合すること」を指します。たとえば、酸素ガス（O_2）中で銅（Cu）を加熱すると、銅と酸素が結びついて、酸化銅（CuO）になります。このとき銅が酸化されたといいます。

一方、酸化と逆に、酸素原子を失う反応もあります。これは「還元」とよばれます。たとえば、酸化銅（CuO）に水素ガス（H_2）をふきつけながら加熱すると、酸化銅

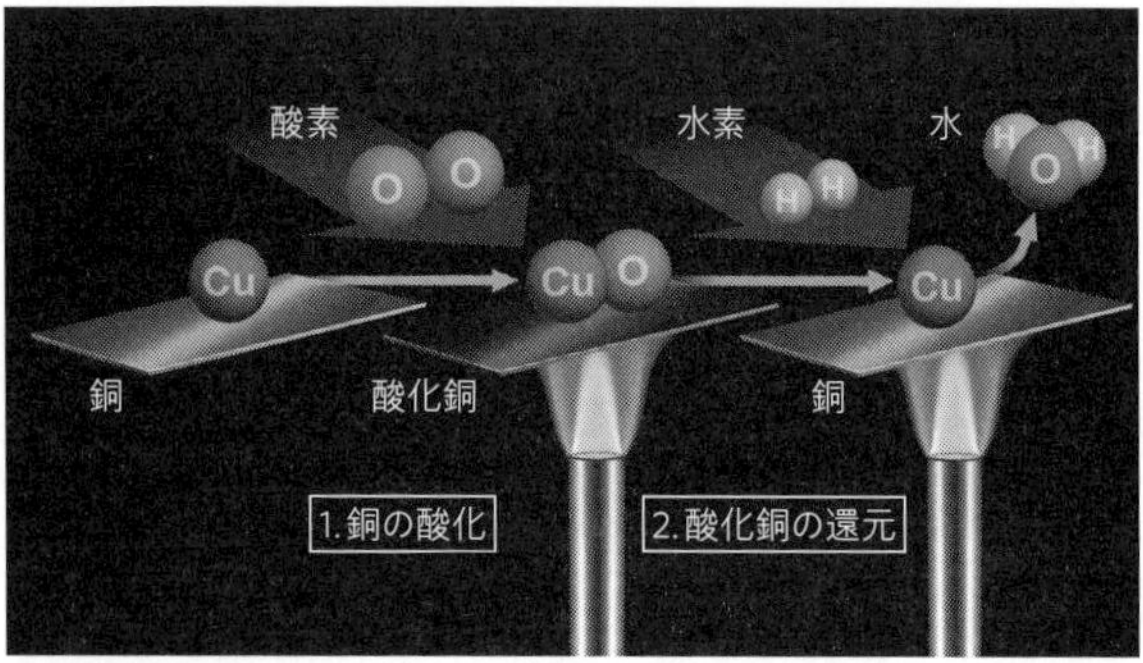

図5-12　銅の酸化と還元

は、酸素を失い銅に戻ります。このとき、酸化銅が還元されたといいます。

酸素と結びつくと酸化、酸素を失うと還元、ここまでは簡単ですね。でも、酸化と還元は、化学の世界では、もっと広い意味をもっています。実は、酸化・還元は、それぞれ「電子を失うこと（渡すこと）」、「電子を受け取ること」を指すのです。

少しむずかしいかもしれませんが、酸素ガスの中で銅が酸化する現象について、電子のやりとりを見てみましょう。

銅が酸化すると酸化銅（CuO）ができます。酸化銅は、電子を二つ失った銅イオン（Cu^{2+}）と、電

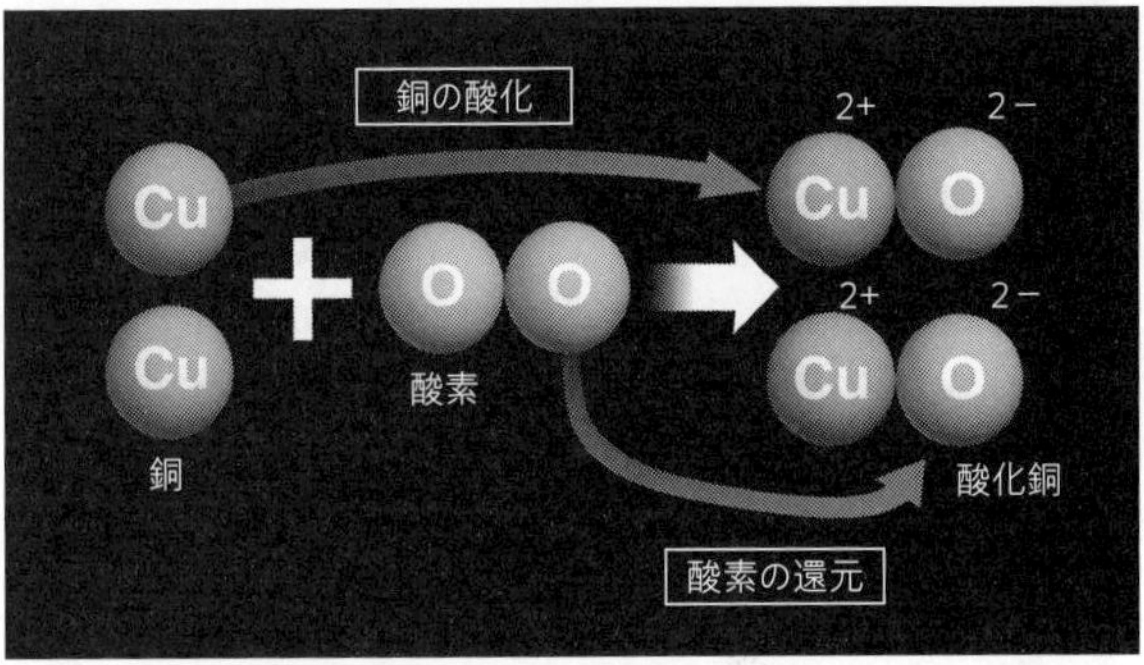

図5-13　電子の数で考える銅の酸化と還元

子が二つ多い酸素イオン（O^{2-}）からなる物質です。このとき、銅に注目すると、反応前にもっていた電子を、反応後には二つ失っていることになります。これが、広い意味での酸化です。また、酸素を見てみると、反応後に電子を二つ受け取っています。つまり酸素は還元されたわけです。このように、酸化と還元は常に同時におきる現象です。

電子のやりとり、という視点でもう一つ別の反応を見てみましょう。熱した銅（Cu）に塩素ガス（Cl_2）を吹きつけると、塩化銅（$CuCl_2$）ができます。ここには、酸素は関係していません。しかし、これも酸化・還元反応といえます。なぜなら、塩化銅は、電子を失った銅イオン（Cu^{2+}）と、電子を獲得した塩化物イオン（Cl^-）が結合した物質だからです。銅は電子を失って酸化され、塩素は電子を獲得して還元されたわけですね。

酸化・還元反応は私たちの身のまわりでもたくさんおきています。たとえば、自転車のフレームなどにできる赤サビの正体は、鉄（Fe）が酸化してできた「酸化鉄（Fe_2O_3）」です。また、使い捨てカイロは、鉄を急激に酸化させることで発生する熱を利用しています。

イオンが溶けた水は電気を通す

ぬれた手でプラグをコンセントにさすのは感電するので危険だと、聞いたことがあるかもしれません。しかし実は「純水（水分子だけからなる水）」に電気は流れません。電気が流れるのはイオンが溶けた水の場合だけなのです。

たとえば、水道水にはさまざまなイオンが溶けています。ナトリウムイオンや塩化物イオン、さらにカリウムイオンなどです。これらの金属イオンは「ミネラル」ともよばれます。これらのイオンが存在するため水道水には電気が流れるのです。

さらに、手についた水道水には、上記イオンに加えて汗の成分などがイオンとして溶けだしています。そのため手についた水は、電気を非常に流しやすい状態になっています。なぜ純水には電気は流れないのに、イオンが溶けると電気が流れるようになるのでしょうか。

そもそも電気は電子が移動することで流れます。そのため、イオンは、電子を受け取ったり、渡したりすることで、電気を流すにない手になるのです。

実際に食塩（塩化ナトリウム）が溶けた水の中に電池と導線をつないだ電極を差して、電気を流す場合を考えてみましょう。図５-14を見てください。水中には、プラスの電荷を帯びたナトリウムイオンと、マイナスの電荷を帯びた塩化物イオンが存在しています。まず、ナトリウムイオン（＋）が、水中に差した電極の一方（陰

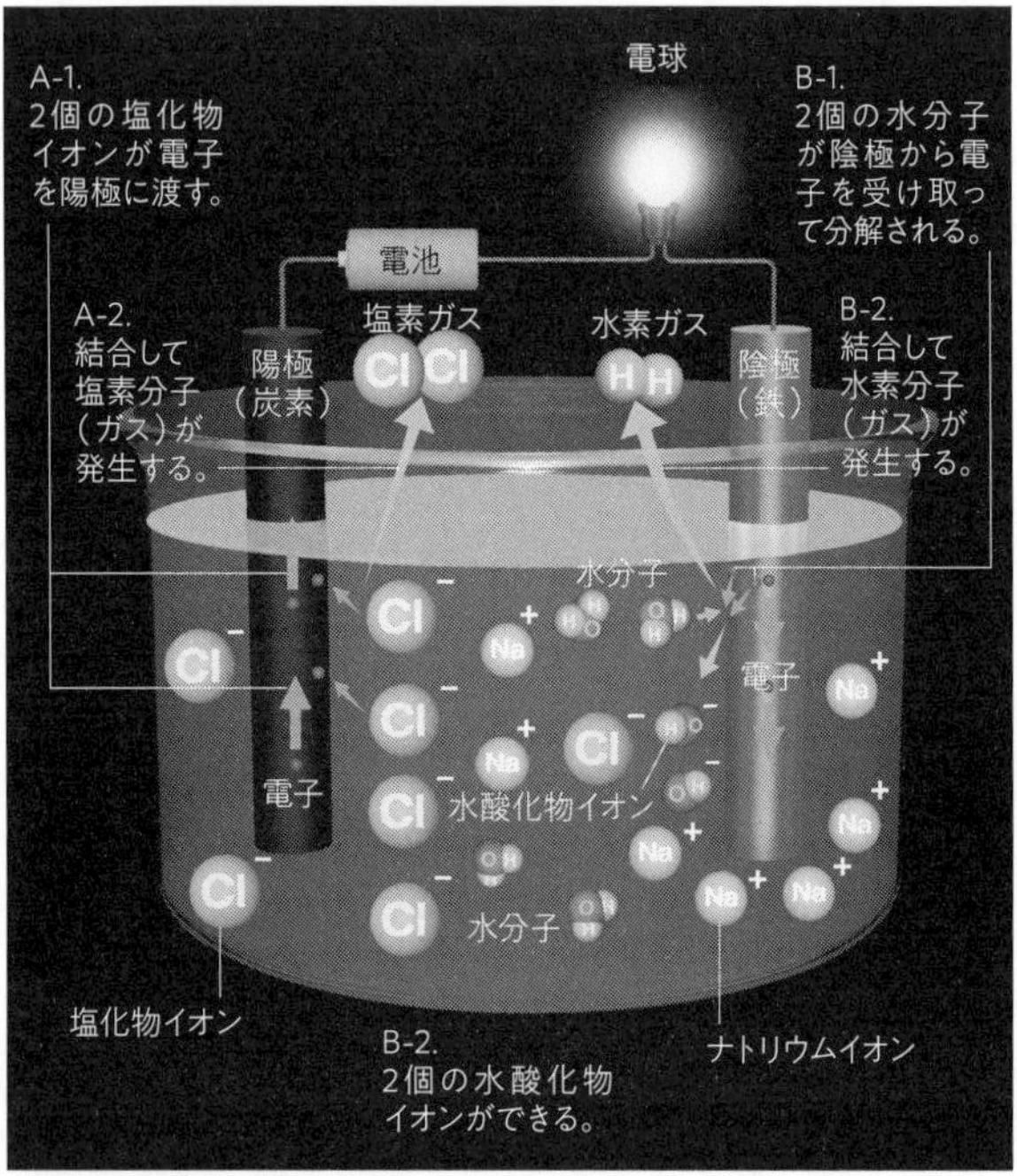

図5-14　食塩水は電気を流す

極）から電子を受け取ります。また同時に、塩化物イオン（－）が、もう一方の電極（陽極）に電子を渡します。その結果、電極と導線の中で電子の流れが生まれ、電気が流れるのです。

　なお、イオンが溶けていない水（純水）は、通常は電気を通しませんが、高い電圧をかけると、ごくわずかに電流が流れることが知られています。これは、純水中では水分子がわずかに水素イオン（H^+）と水酸化物イオン（OH^-）に分かれているためと考えられています。

電池は、金属のイオンのなりやすさのちがいを利用している

ちょっと長かったかもしれませんが、この第5章もいよいよ最後のテーマです。次に紹介するのは、電池です。電池の中でもイオンがかかわる反応がおきているのです。

電池というと、アルカリ単三電池など市販の乾電池を思い浮かべることが多いと思いますが、まずはごくごく単純な電池を考えてみたいと思います。何らかのイオンが溶けた水溶液（電解液）に、2種類の金属を入れて、その間を導線でつなぐだけで、導線に電気が流れます。つまり、電池になるわけです。

たとえば、亜鉛（Zn）の板と銅（Cu）の板を導線でつないで薄い硫酸（H_2SO_4）に入れると、導線に電気が流れます。豆電球を導線につなげば、電球が灯るでしょう（図5－16）。

いったいなぜ、これほど簡単な装置が電池になるのでしょうか。

これには、電解液にさした金属板の「陽イオンへのなりやすさ」がかかわっています。くわしく説明しましょう。普通金属は、電子を放出して、陽イオンになろうとする性質があります。金属の陽イオンへのなりやすさは、金属によってちがいます。どれくらい陽イオンになりやすいかは、「イオン化傾向」という指標であらわされます（図5－15）。亜鉛と銅を比較すると、亜鉛の方がイオン化傾向が高く、陽イオンになりやすい性質があります。

ここで、亜鉛板と銅板でつくった先ほどの電池に戻りましょう。電気が流れているときに、何がおきているのでしょうか。

図5－16を見てください。まず、陽イオンになりやすい亜鉛板では、亜鉛原子

が電子を放出して亜鉛イオン（Zn^{2+}）となり、電解液に溶けだします。そのままでは、亜鉛板にはどんどん電子がたまっていきますから、電子は導線を通って、陽イオンになりづらい銅板へと流れていきます。つまり、電気が流れるわけです。どちらの金属が電子を放出しやすいか（陽イオンになりやすいか）、亜鉛板と銅板で力比べをしているようなイメージです。

　力比べに負けた銅板にまで電子がたどりつくと、銅板の表面で電解液中の水素イオンが電子を受け取り、水素分子となって空気中に出ていきます。こうして、亜

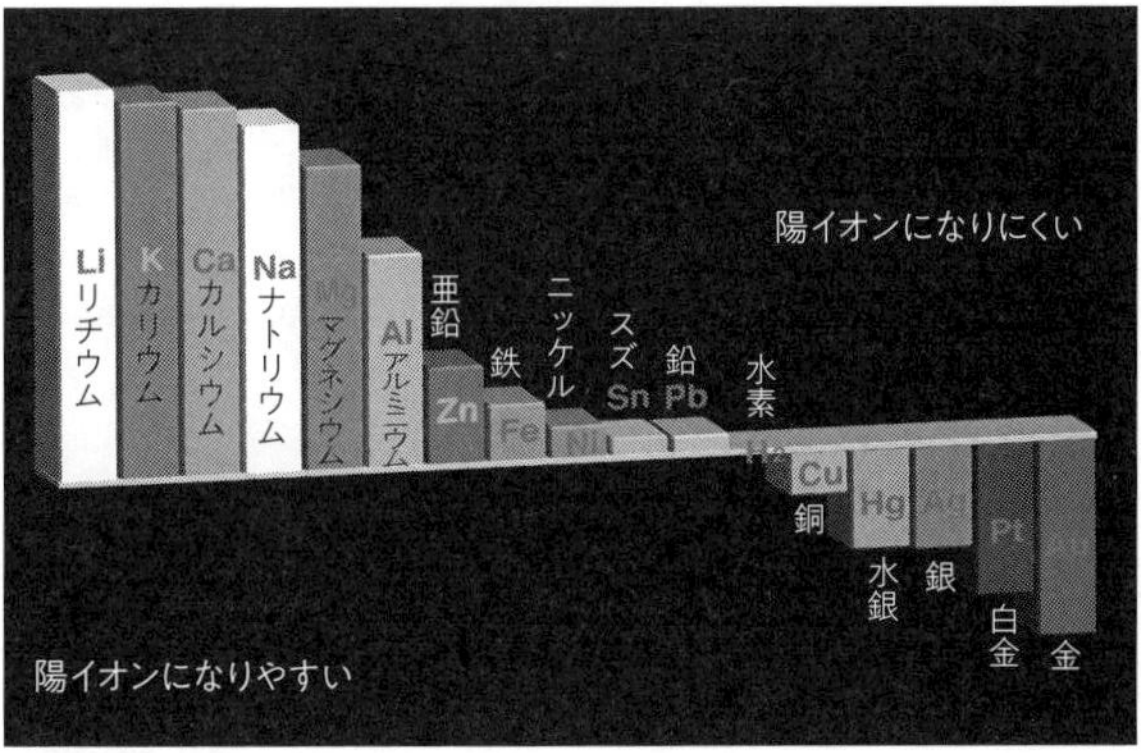

図5-15　金属のイオン化傾向

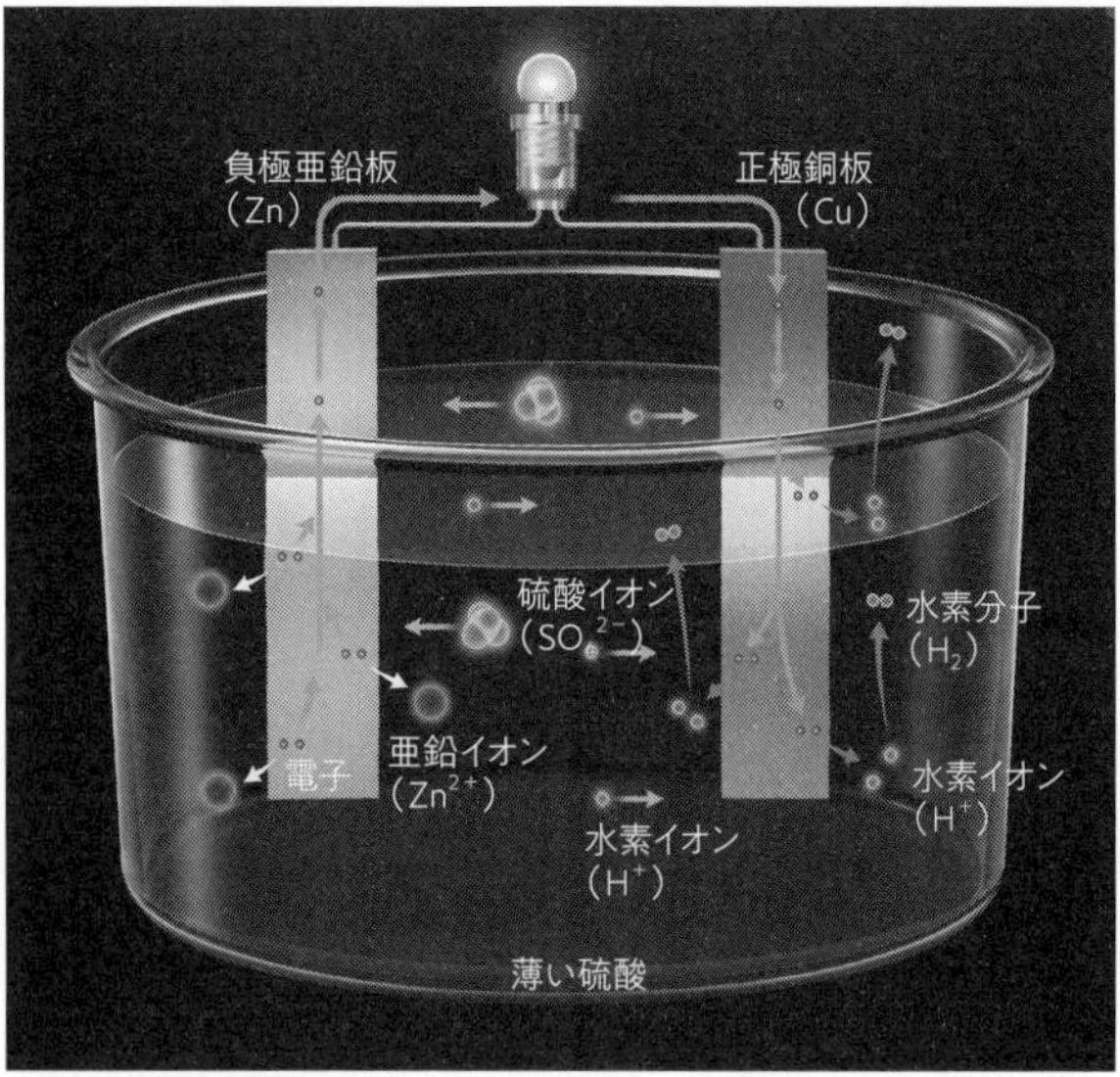

図5-16　亜鉛板と銅板でつくった電池

鉛板から放出された電子は、銅板を通って、最終的に水素に受け渡されるのです。

亜鉛板のように、電池の中で電子を放出する側を負極といいます。そして銅板のように電子を受け取る側を正極といいます。負極と正極の陽イオンへのなりやすさの差によって、電子の流れができ、電気が流れる——これが電池の根本的なしくみです。陽イオンへのなりやすさ（イオン化傾向）の差が大きい金属を組み合わせると、より高い電圧を生みだす電池をつくることができます。

なお、導線でつないだ2種類の金属を、イオンの溶けていない液体に入れても、導線に電気は流れません。マイナスの電気を帯びた電子が導線を正極に向かって移動するためには、同時に、液体の中をマイナスの電気を帯びた陰イオンが負極に、プラスの電気を帯びた陽イオンが正極に向かって移動して、液体中の電気的な中性が保たれる必要があるからです。

ここで紹介した電池の基本的なしくみは、どのような電池でも共通です。たとえばテレビのリモコンなどによく使われるマンガン乾電池[*]は、負極に亜鉛、正極に二酸化マンガンを使用しています（図５－17）。負極では、亜鉛が電子を放出してイ

＊　実用的なマンガン乾電池は、１８９２年に日本の屋井先蔵（１８６３～１９２７）に発明され、また、蓄電可能な鉛を使用した二次電池は１８６０年に、フランスのガストン・ブランデ（１８３４～１８８９）により発明された。

オンになります。そして、放出された電子は外部の回路を通って正極へと移動し、二酸化マンガンへと受け渡されます。

マンガン乾電池は、先ほどの亜鉛板と銅板の電池とはちがって、電解液を使っていないように思えるかもしれません。でも、たしかに乾電池の中にも電解液が入っています。イオンが溶けた電解液を、二酸化マンガンと黒鉛の粉末とともに固めてあるのです。こうして、液漏れの少ないかわいた電池を実現しています。

もう一つ別の電池の例も見てみましょう。リチウムイオン電池です。

リチウムイオン電池は、スマホやパソコンに使われている充電のできる電池です。常に電力を消費しているにもかかわらず、スマホやパソコンがすぐに電池切れにならないのは、リチウムイオン電池のおかげです。リチウムイオン電池の発明と実用化に貢献したジョン・グッドイナフ（イギリス）、スタンリー・ウィッティンガム（イギリス・アメリカ）と吉野彰の３氏は、２０１９年度のノーベル化学賞を受賞しました。

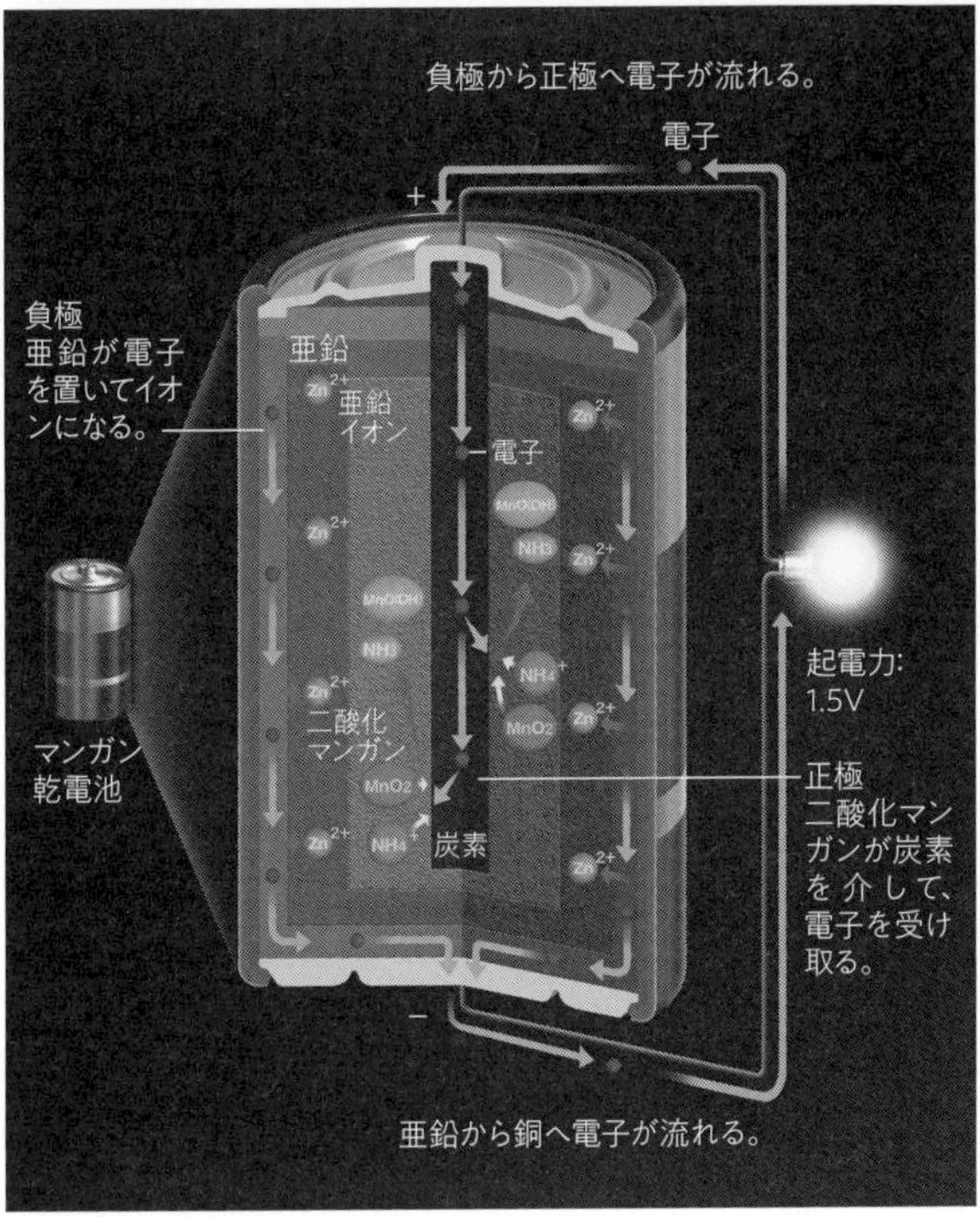

図 5-17　マンガン乾電池の構造

リチウムイオン電池のしくみを見てみましょう。一般的なリチウムイオン電池には、正極にコバルト酸リチウム、負極にグラファイト（炭素）が使われています（図5-18）。負極のグラファイトには、リチウムがうめこまれてます。

リチウム原子は、最外殻に一つある電子を放出しやすい性質があります。そこでリチウムイオン電池に回路をつなぐと、負極のグラファイトの中にあるリチウムが電子を手放してリチウムイオンになります。そしてリチウムから手放された電子は導線を通って移動し、たくさんの電流を生じます。

一方、負極で生じたリチウムイオンは正極へと移動します。そして正極で電子を受け取り、コバルト酸リチウムに収納されます。これがリチウムイオン電池で電流が発生（放電）するしくみです。

リチウムイオン電池は一度電池が切れても充電すれば回復します。充電の際には、電圧をかけることで、放電と逆の反応をおこします。つまり、正極のコバルト酸リチウムに収納されていたリチウムから電子をうばいとってリチウムイオンにし

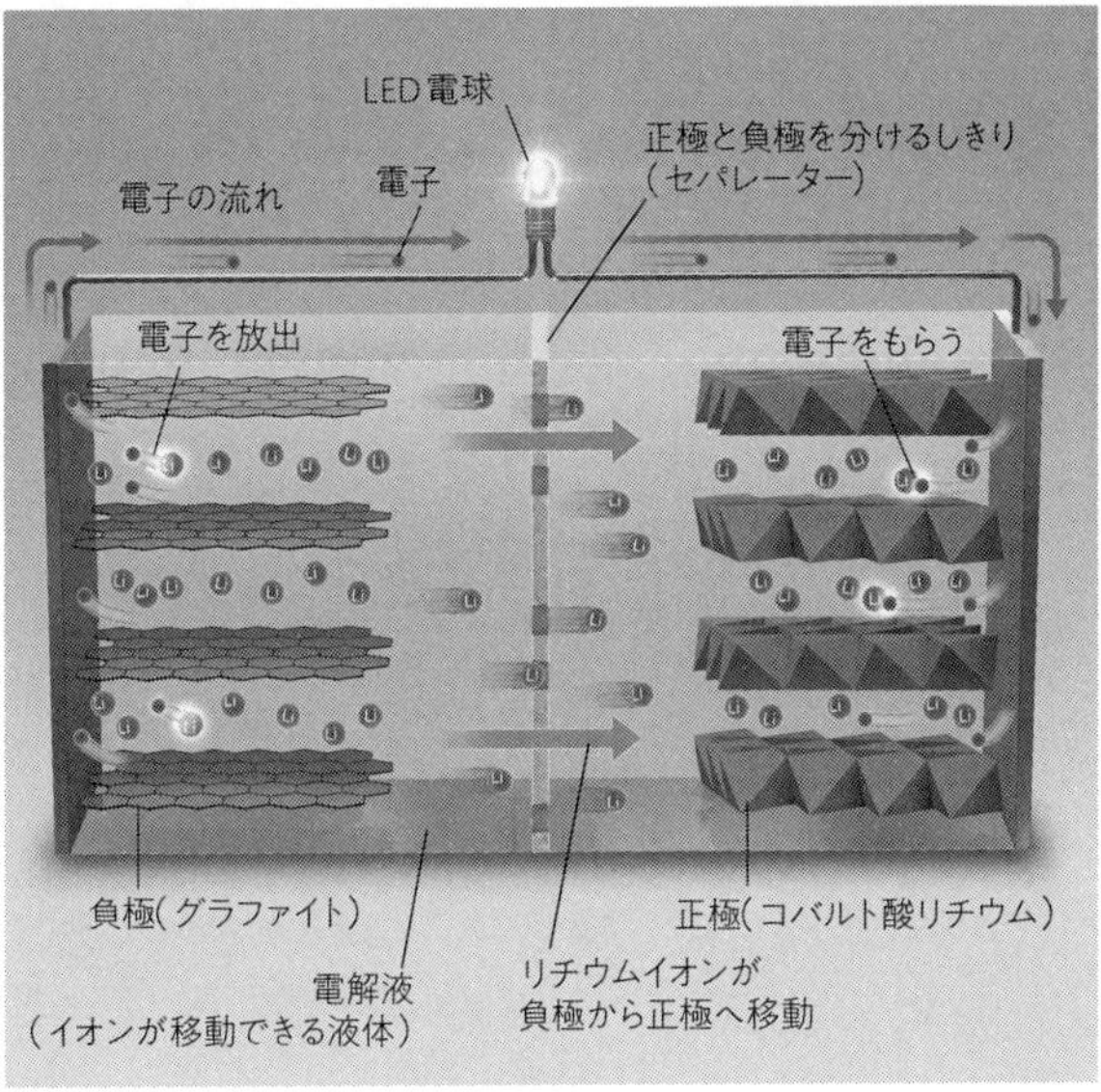

図5-18　リチウムイオン電池の構造

ます。そして、リチウムイオンは負極へと移動し、ここで電子を受け取りリチウム原子となります。

　このようにリチウムイオンが負極と正極の間で行き来することで、リチウムイオン電池は充電と放電をくりかえすことができるのです。

第6章

現代社会に欠かせない有機物

動物の体など、生物の活動によってつくられる物質の多くは、炭素原子を豊富に含みます。このような物質を有機物といい、有機物について研究する分野をとくに有機化学といいます。有機化学は石油化学や薬品の開発などで大きな役割を果たしています。有機物は非常に多くの種類があり、きわめて多彩です。有機物のカラクリにせまっていきましょう。

炭素原子が生みだす物質を調べる有機化学

18世紀の後半ごろから、化学者たちは物質を大きく二つのグループに分けてきました。動植物やそれらからつくる酒や染料など「生物から得られるもの」のグループと、それ以外の岩石や水、鉄や金などのグループです。前者のような生物から得られる物質を「有機物（Organic Compound）」とよび、後者を「無機物（Inorganic Compound）」とよびます。

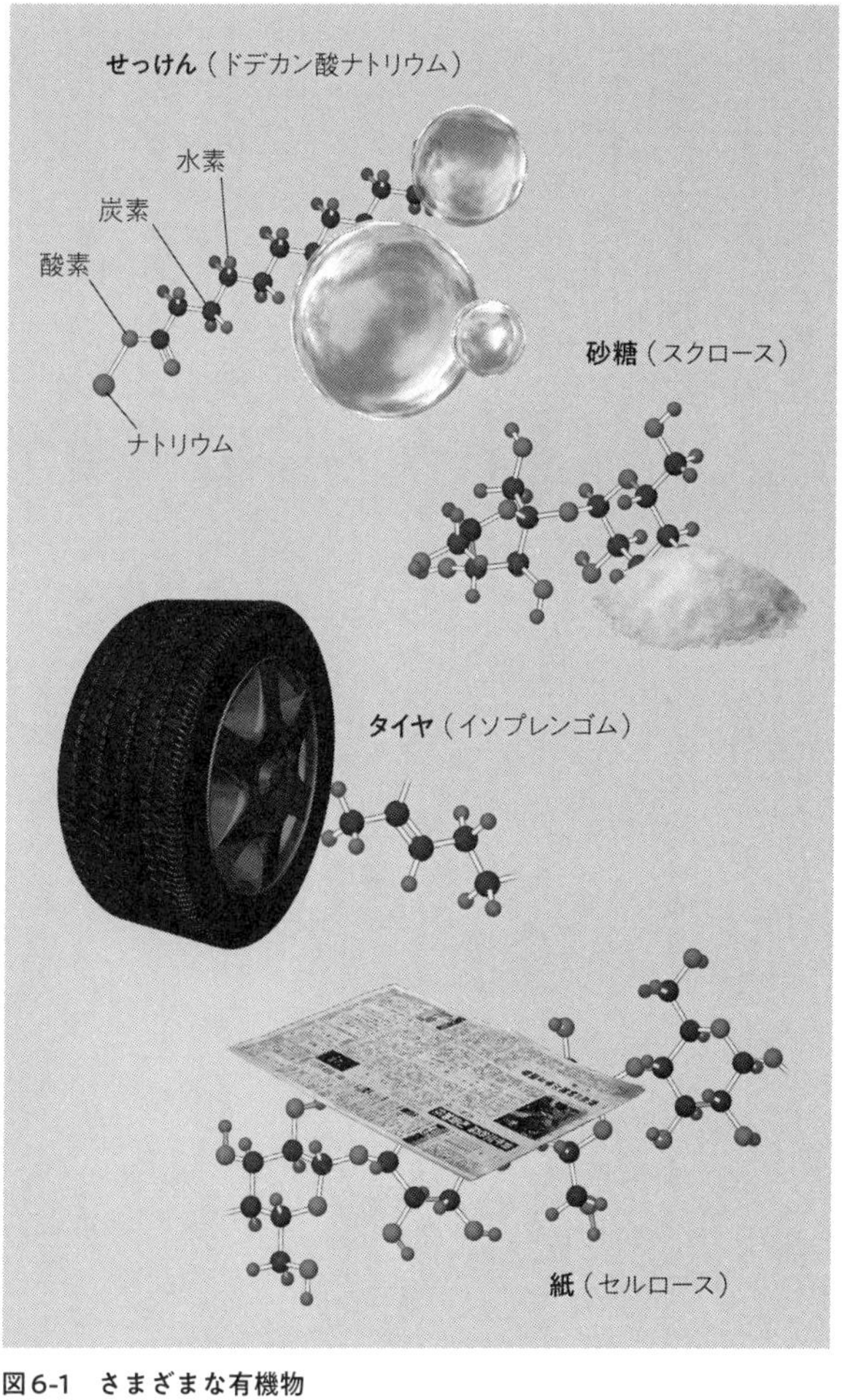

図6-1　さまざまな有機物

現在知られている１１８種の元素のほとんどは、無機物をつくりだしています。無機物の性質は、どの元素を、どれくらいの割合で含んでいるかによって大きく決まります。電気を通すかどうかや、水に溶けるかどうかは、元素の種類とその割合しだいなわけです。そのため無機化学の研究者たちは、新しい元素の組み合わせを試すことで、新しい物質を生みだしたり、その性質を研究したりしています。

一方、有機物の性質を決めているのは、元素の組成というよりも、主に「元素のつながり方」です。有機物は、炭素や水素、酸素、窒素などの、少ない種類の元素からできています。それにもかかわらず、非常に種類が多く、その性質もさまざまです。有機物の性質のちがいは、元素の種類ではなく、元素のつながり方のちがいによってつくりだされているのです。

有機物はなぜ無機物とは大きくことなるのでしょうか。その鍵をにぎるのが、炭素の原子です。有機物は、炭素原子を骨格とした物質なのです。そして、この炭素が生みだすさまざまな物質を調べる化学を、「有機化学」といいます。

有機物は私たちの身のまわりにあふれています。たとえば、私たちの体をつくるタンパク質やＤＮＡ、そして紙（セルロース）や砂糖も有機物です。さらには、布やタイヤ、プラスチックに石けんと、例をあげるとキリがありません。

これから有機物とはどういうものなのか、くわしく見ていきましょう。

有機物は徹底的に分解されて調べられた

まずは、有機物の正体がどのようにあばかれてきたのか、その歴史を紹介しましょう。

18世紀のフランスの化学者、アントワーヌ・ラボアジエ（１７４３～１７９４）は、「物質を分解しつづければ、元素にたどりつく」ととなえました。原子説をとなえた、あのラボアジエです。この提案をきっかけに、ユストゥス・フォン・リービッヒ（１８０３～１８７３、図６-２）など多くの化学者が、ラボアジエにならって、身のまわりの物質を調べるようになりました。

当時、有機物の多くは、燃やすと何種類かの気体となって消えてしまうことが知られていました。そこで化学者たちは、この気体を種類ごとに取りだして重さをはかれば、有機物に含まれる元素の割合が求められると考えました。しかし、燃やして発生した気体をもらさずに集め、正確にはかることはそう簡単なことではありません。

図6-2　ユストゥス・フォン・リービッヒ

この問題を解決したのが、リービッヒです。リービッヒは、１８３０年ごろ、有機物に含まれる炭素、酸素、水素を正確に調べる装置を発明しました。発生した水蒸気や二酸化炭素といった気体を、装置の中に詰めた物質に吸収させることで、気体を逃さずに計測するものでした。

この元素分析装置を使うと、さまざまな有機物に含まれる炭素、水素、酸素の比を、「1：2：1」、「6：10：5」などと求めることができました。装置はリービッヒの弟子たちによってヨーロッパ中に広められ、多くの化学者が有機物の正体をあばくためにこの装置を使って研究に取り組みました。

炭素には四本の腕がある

リービッヒの装置によって、膨大な種類の有機物が調べられ、それらはすべて炭素などの少数の元素からできていることが明らかになりました。そしてさまざまな有機物について、炭素、酸素、水素の比が求められました。すると、この比は有機物ごとに無数にあることが明らかになっていきました。

当時、物質はそれ以上分解できないもの、すなわち「原子」からできていると考

図6-3　アウグスト・ケクレ

えられていました。有機物の実験を通して、化学者たちは、炭素や酸素、水素などの原子が組み合わさってできる「分子の形」が、有機物の性質のちがいに関係しているのではないかと考えるようになりました。そして化学者たちは、さまざまな分子の姿を推理するようになったのです。

リービッヒの装置の誕生から20年後、まず、イギリスの化学者エドワード・フランクランド（1825〜1899）が「原子は、それぞれの〝手〟をもっており、おたがいに手をつないで結合する」ととなえました。そして1858年、ドイツの化学者アウグスト・ケクレ（1829〜1896、図6−3）は、「酸素は2本の手を、水素は一つの手をもっている」という説を紹介します。さらに「炭素は四つの手をもち、一度に四つの原子と結合できる」、「炭素どうしも結合できる」という新説を発表しました。またのちに、「一度に2重、3重に〝手〟をつなぎ、結合できる」という説を加えました。さらに、オランダの化学者、ファント・ホッフ（1852～1911）が、「炭素の手は四方に散らばっている」という説をとなえました。

このケクレらの説は、当初は仮説の一つにすぎませんでした。しかし、この説はさまざまな有機物の謎を説明できました。ケクレらの主張は化学者たちに少しずつ受け入れられ、さまざまな有機物の姿が徐々にわかりはじめたのです。

電子の空席が腕の正体だった

ケクレがとなえた、炭素がもつ四つの手とはどういうことでしょうか。当時は、原子の構造が不明だったため、その答えはわかりませんでした。

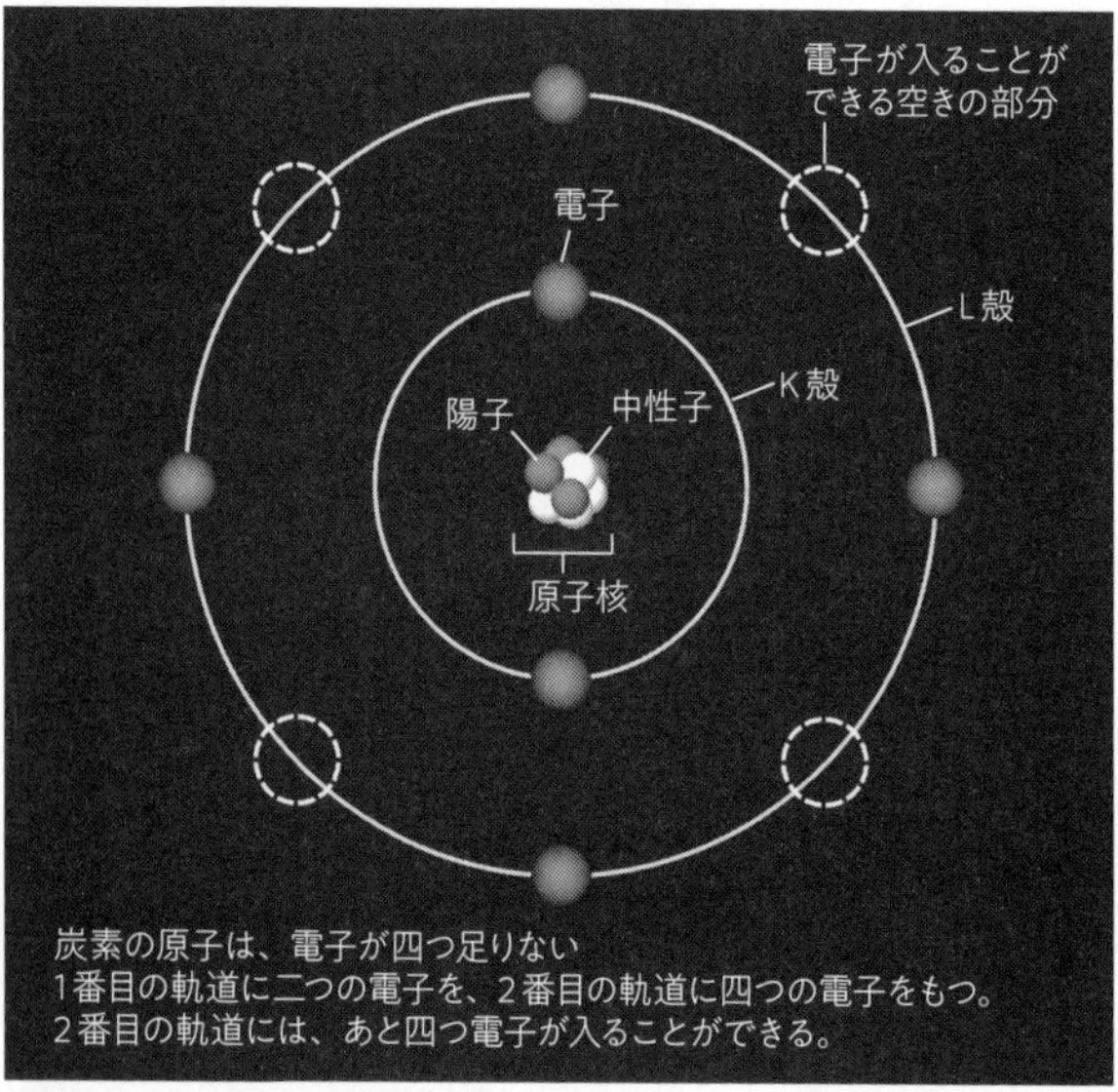

図6-4　炭素原子の電子配置

しかしメンデレーエフによって元素の周期表が発明され、さらに、原子の構造が明らかになったことにより、原子の手の正体が明らかになっていきました。炭素の電子配置を見ながら、原子の手の正体を解説しましょう。

原子番号6の炭素原子は全部で6個の電子をもっています。1番内側にあるK殻に二つの電子があり、2

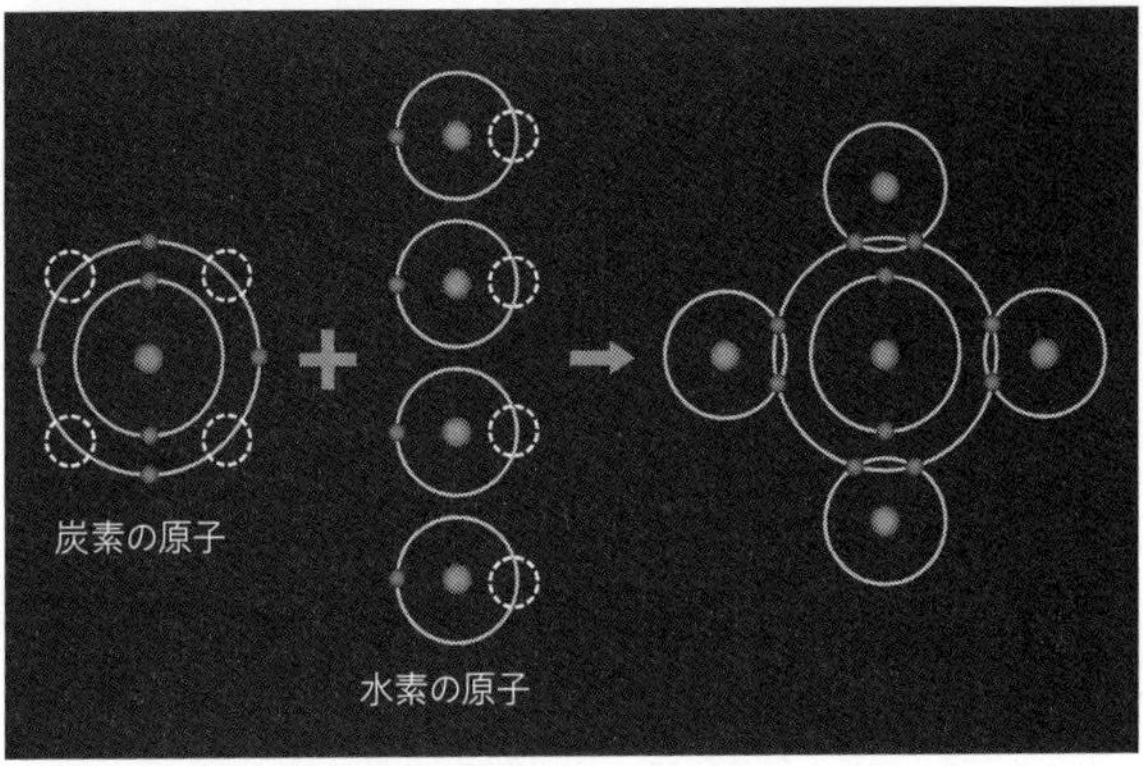

図6-5　炭素原子と水素原子の結合

番目のL殻に4個の電子があります（図6－4）。つまりL殻が最外殻です。L殻の定員は8のため、炭素のL殻には、四つの空席があります。原子は最外殻の空席がすべて埋まった状態が最も安定ですから、炭素は、四つの「空き」を満たそうとします。この電子の空席こそ、ケクレが見抜いた炭素の四つの手の正体です。

具体的に、炭素と水素が結合する場合を考えてみましょう。原子番号1の水素はK殻に1個の電子をもっており、K殻には空席が一つあります（図6－5）。そのため、炭素と水素は、一つずつ電子を出し合うことで、空席を埋めようとします。第4章で見た共有結合です。このとき、炭素のL殻にある四つの空席を埋めるためには、四つの水素と共有結合する必要があります。つまり、炭素は四つの〝手〟を使って、水素と結びつくというわけです。炭素一つに水素四つが結合してできた分子をメタンといいます（図6－6）。有機物の中で最も基本的な分子です。

　このように、電子の空きを埋めるように別の原子と共有結合するため、電子の空きが、別の原子とつながる手としてはたらきます。水素にかぎらず、酸素や窒素などの原子や炭素原子どうしで結合することで、さまざまな形の分子を無数につくることができるのです。

　でも、なぜ炭素だけが多彩な有機物をつくることができるのでしょうか。炭素と同じ14族元素の、

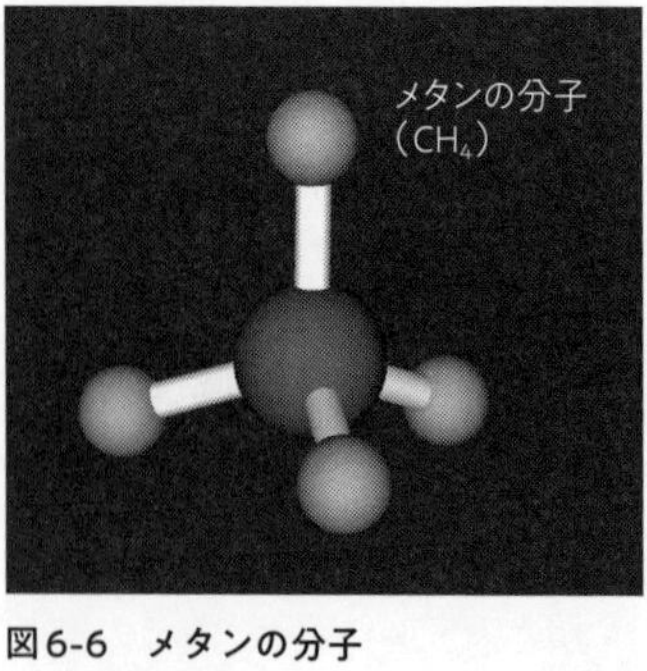

図6-6　メタンの分子

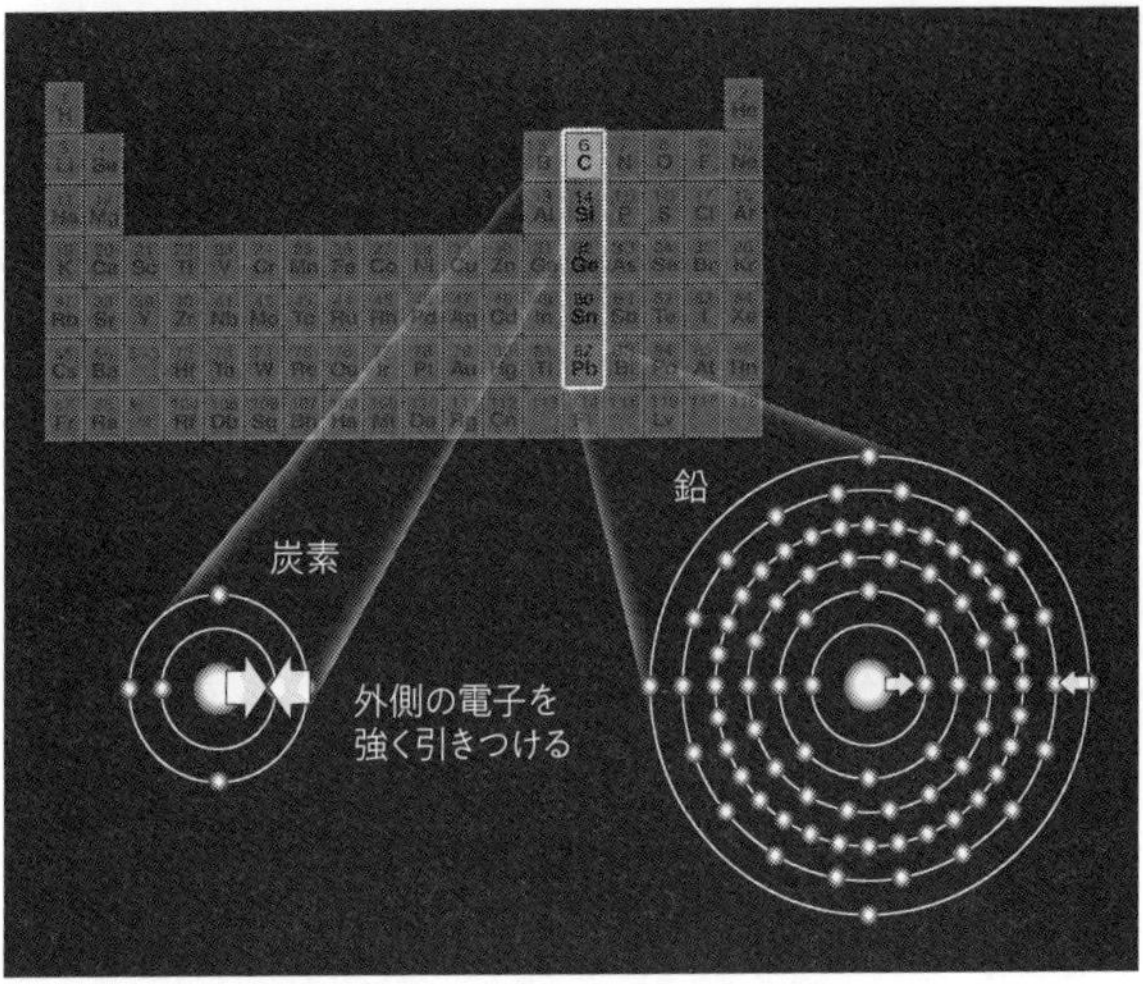

図6-7　炭素原子と鉛原子

ケイ素（Si）、ゲルマニウム（Ge）、スズ（Sn）、鉛（Pb）などの元素も、四つの手をもっているはずです。

　炭素が特別な理由は、炭素が14族元素の中で、周期表の一番上に位置するためです。炭素と、その下方にある鉛の原子（原子番号82）をくらべてみましょう。

　6個の電子しかもたない炭素に対して、鉛は82個もの電子をもっています。そのため鉛はかなり外側の電子殻にまで電子が入っています（図6－7）。

どちらの元素も、一番外側の軌道の電子でほかの原子と結合します。結合の強さは電子と原子核が引きつけあう力で決まり、この力は、原子核と電子の距離が遠いほど小さくなります。そのため、原子核から外側の軌道までが遠い鉛の原子では、電子が逃げやすく、すぐに結合が切れてしまいます。一方、炭素の原子核は、外側の軌道まで近いため、電子を逃がさず、結合をしっかり保つことができます。このような炭素の強みが、炭素を主体とする多彩な有機物が存在することを可能にしているのです。

有機物の姿を決める炭素のつながり方

ここからは、炭素の「四つの手」がつくる、さまざまな有機物の分子を見ていきましょう。

19世紀の化学者たちは、有機物を調べていくうちに、化合物の分子に共通する部分があることに気づきました。多くの分子が、炭素が鎖のように長くつながった構造や、炭素が環のようにつながった構造をもっていたのです。

「鎖」の代表例は、炭素どうしが長くつながった分子である「脂肪族」です。脂肪族の炭素は、2本の手を使って両どなりの炭素とつながり、残った2本の手でそれぞれ水素と結合しています。この水素の部分は、ほかの原子などと置きかえることができ、炭素の鎖は有機物の「骨格」となっています。

このような炭素の鎖でできた有機物は、つながっている炭素の数によって性質が変わることが知られています。炭素が1〜4個のときは室温で気体ですが、15〜20個つながると、ろうそくに使われる固体のロウになります（図6-8）。さらに炭素原子の数が増えると、徐々に燃えにくくなっていきます。そして、数万〜数十万個の炭素がつながると、ビニール袋の原料である「ポリエチレン」になります。ポリエチレンは第1章でも見ましたね。

図6-8　炭素が長くつらなったろうの分子

この鎖状の構造に並んで重要な有機物の構造が「環」です。環をもつ分子の代表例は、19世紀に普及していたガス灯の石炭ガスから発見された「ベンゼン」です（図6－9）。

発見されてからしばらくの間、ベンゼンはどのような形をしているのかわかりませんでした。そのため、研究者によってさまざまな形が提唱されていました。その正体を明らかにしたのは、炭素原子が四つの手をもつことを見抜いたケクレです。

ケクレは、ベンゼンの6個の炭素が単

結合と二重結合で結びつき、環状になっていると考えました。そして、ベンゼンの炭素はそれぞれ1個の水素と結びついており、この水素は、別の原子などと置きかえることもできると考えたのです。

ベンゼン環を分子内にもつ有機物を「芳香族化合物」といいます。なんだかいい香りがしそうな名前ですよね。実際に芳香族化合物は香りをもつものが多いため、このように名づけられています。

たとえば、煙で食品をいぶす「燻製」の香りです。燻製の香ばしさは、煙に含まれる「フェノール類」とよばれる芳香族化合物によるものです。フェノール類というのは、ベンゼン環にOH（ヒドロキシ基）がついた有機物のことです。

また、ワインやコーヒー、お茶などには「ポリフェノール」が含まれています。ポリフェノー

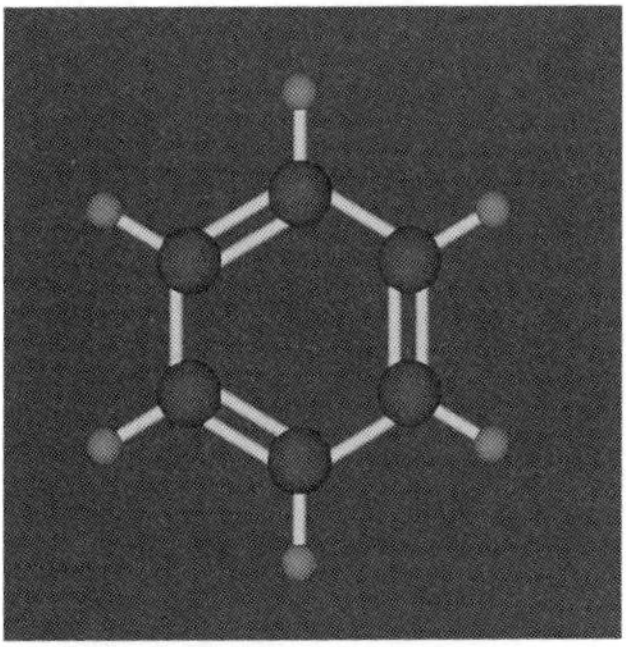

図6-9　炭素が環状になったベンゼン

図6-10　フェノールとポリフェノール

ルとは、フェノール類のうち、ベンゼン環に2個以上のヒドロキシ基がついたもののことです。植物がつくりだす色素や苦味の分子には、たいていポリフェノールが含まれています。ほかにも芳香族化合物は医薬品や染料、繊維などをつくる材料としても広く活躍しています。

有機物の性質は「飾り」しだい

有機物の性質を決めるのは、炭素の骨格だけではありません。有機物

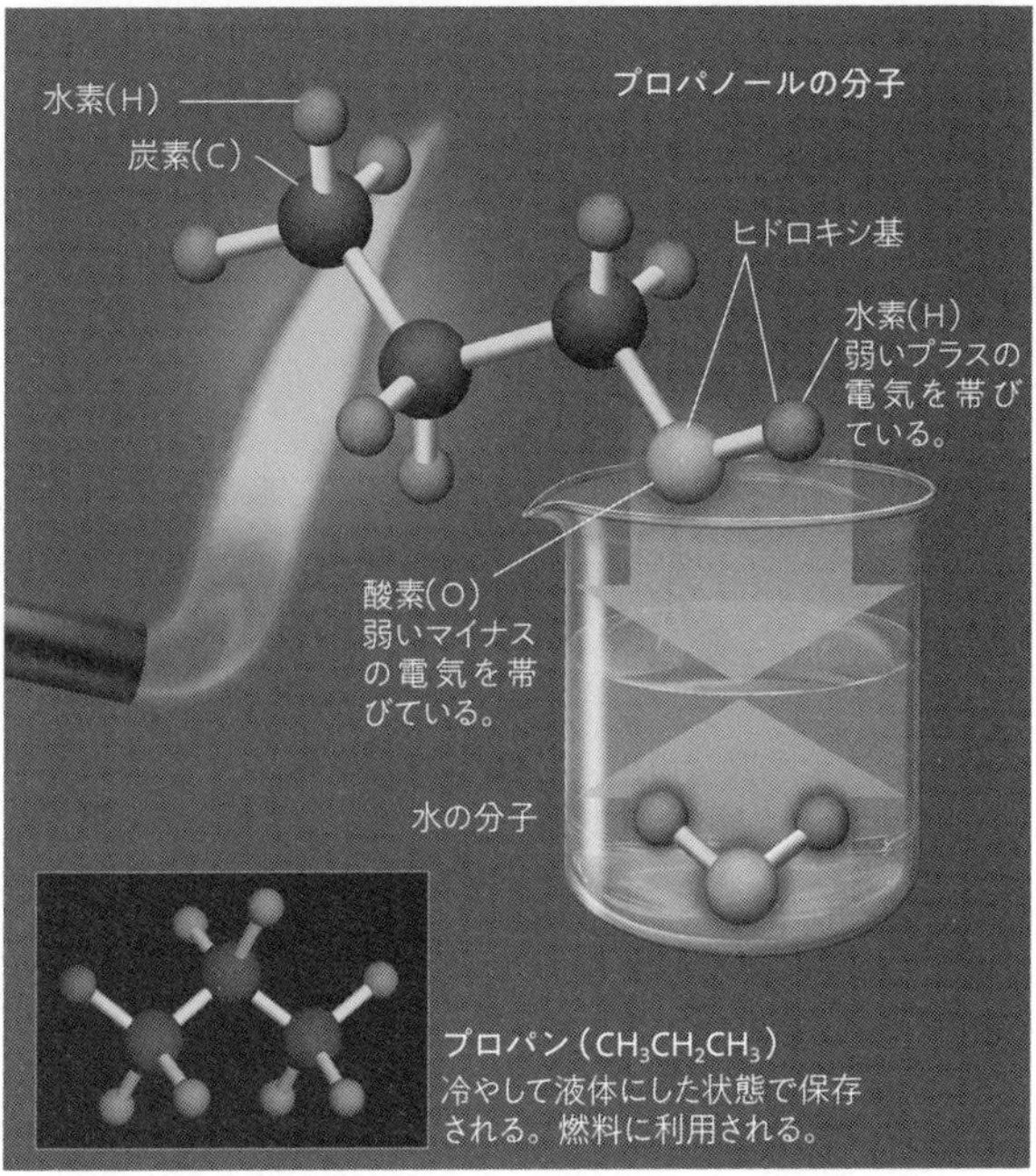

図6-11　プロパンとプロパノール

の性質は、その化合物がどんな「飾り」をもっているかに大きく左右されます。この飾りについて、説明しましょう。

　たとえば、家庭用のガスにはよく「プロパン」という気体が使われます。これは炭素原子三つからできた骨格に、水素原子八つがついた有

人体に有害な物質をつくる【カルボニル基】

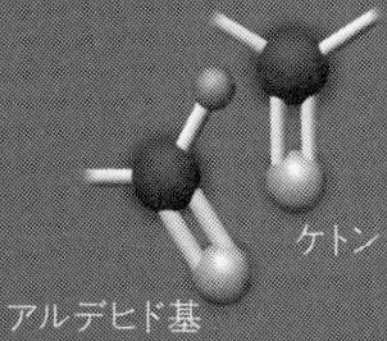

酒に含まれる「アルコール」が体内で分解されると、二日酔いを引きおこす「アセトアルデヒド」がつくられる。生物の標本をつくる際に使われる「ホルマリン」もアルデヒドの一種の水溶液で、人体に有害な物質。（化学式は【$-COH$】、【$-CO-$】）

水に溶け、強い酸性を示す【スルホ基】

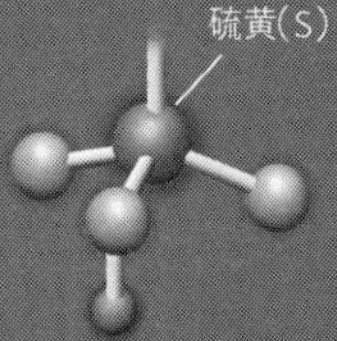

硫酸の分子と似た形をもつ官能基。スルホ基がついた分子は、水に溶けやすく強い酸性を示す。
（化学式は【$-SO_2(OH)$】）

急激に反応し、爆発することも【ニトロ基】

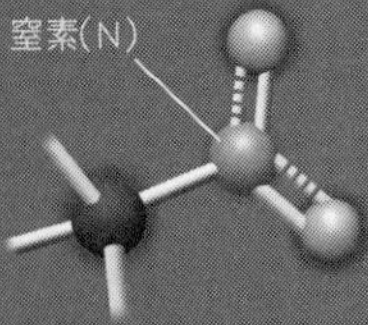

火薬の一種である「TNT火薬」は、正式には「トリニトロトルエン」といい、ニトロ基がいくつもついている。このような、ニトロ基が多くついた分子は、爆発する性質をもつことがある。
（化学式は【$-NO_2$】）

水素を引きつけ、アルカリ性を示す【アミノ基】

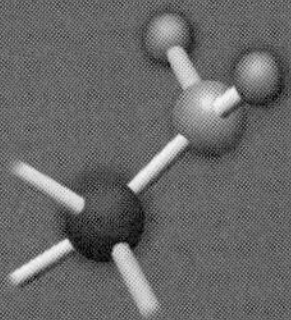

窒素はマイナスの電気を帯びており、水素イオンなどをもう一つ引きつけようとする（アルカリ性をもつ）。タンパク質をつくるアミノ酸は、アミノ基とカルボキシ基がついた分子。
（化学式は【$-NH_2$】）

図 6-12　代表的な八つの官能基

アルコールをつくる
【ヒドロキシ基】

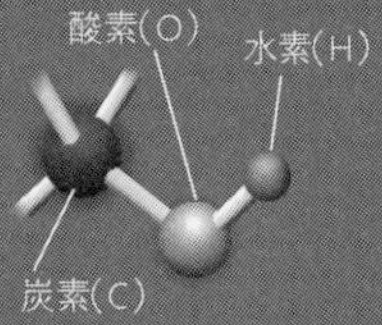

酒に含まれる「アルコール」の分子がもつ官能基。「OH」の部分が水の分子（H_2O）に似ているため、ヒドロキシ基があると水とまざりやすい。糖の分子にもいくつもついているため、糖も水にまざりやすい。
（化学式は【−OH】）

水に溶けない有機物を溶かす
【エーテル結合】

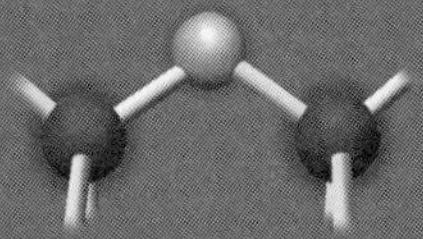

麻酔薬の一種として、「ジエチルエーテル」という物質が知られている。さまざまな試料を溶かす「溶媒」に使われる。ほとんどの試薬に対し反応しない、安定な物質。（化学式は【−O−】で、Oの両側は炭素）

酢など有機物の酸をつくる
【カルボキシ基】

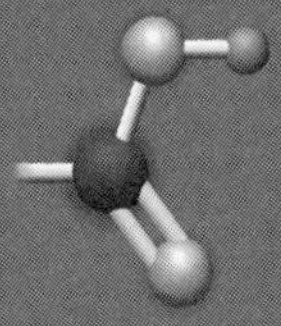

酢酸など、有機物の酸をつくる。アルデヒドから変化してできることが知られており、たとえば二日酔いを引きおこすアセトアルデヒドが酸化されると、酢酸になる。
（化学式は【−COOH】）

さまざまな香りをつくる
【エステル結合】

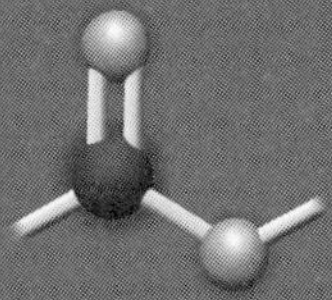

エステル結合をもつ小さな分子は、花や果物の香りの分子に数多く存在する。また、繊維の素材であるポリエステルは、エステル結合をもつ分子が長く連なった素材である。
（化学式は【−COO−】）

機物です。

この水素原子は別の原子にとりかえることができます。プロパンの水素の一つを、酸素と水素からなる「ヒドロキシ基」という〝飾り〟に置きかえると、「プロパノール」という液体になります（図6－11）。

プロパノールは、化粧品やインクなどに使われている素材です。

もとのプロパンはまったく水にまざりませんが、プロパノールは水にまざりこむことができます。これは、ヒドロキシ基が水に似た「－O－H」という構造をもっているためです。なぜ、ヒドロキシ基がついただけで、これほど性質が変わってしまうのでしょうか。

ヒドロキシ基は、酸素と水素が電子を共有して結合したものです。このとき、酸素は、共有した電子を水素よりも強く引きつけています。すると、酸素はわずかにマイナスの電気を帯び、水素はわずかにプラスの電気を帯びます。第4章で見た極性です。このような電気のかたよりがあると、周囲に水を引き寄せて、水にまざりやすくなるのです。

ただし、プロパノールはまったくプロパンとちがう性質をもつかというと、そうでもありません。プロパンと同じようによく燃える性質も残されています。

このように、有機物の性質は、炭素の骨格だけでなく、その化合物がどんな「飾り」をもっているかに大きく左右されます。これらの飾りは「機能をあたえる部分」という意味で「官能基（Functional Group）」とよばれています。官能基は、電気のかたよりなどによって、水にまざりこんだり、化学反応したりといった、さまざまな機能を生みだしています。

同じ原子からできた、ことなる有機物

ここまで、炭素の数や飾りによって、有機物の性質が変わることを見てきました。しかしほかにも、有機物の性質を決める重要な要素があります。それが、有機

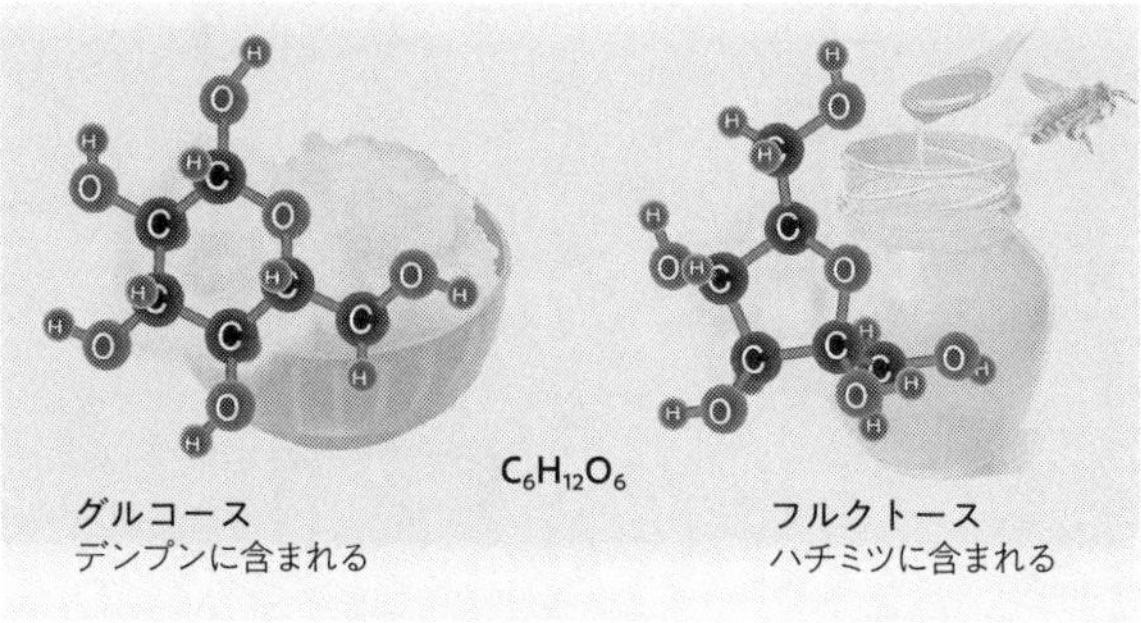

図6-13　グルコースとフルクトース

物の構造です。

たとえ、同じ種類、同じ数の原子からできていても、二つの有機物がちがう性質をもつことがあります。

たとえば、コメやジャガイモには、「デンプン」が含まれています。デンプンは、「グルコース（ブドウ糖、$C_6H_{12}O_6$）」という甘みをもたらす分子が長くつながってできたものです（図6−13）。グルコースは私たちの血液中にもあって、全身のエネルギー源となっています。

一方、ハチミツや果実には、「フルクトース（果糖、$C_6H_{12}O_6$）」という物質が含まれていて、これも甘みをもたらします。グルコースとフル

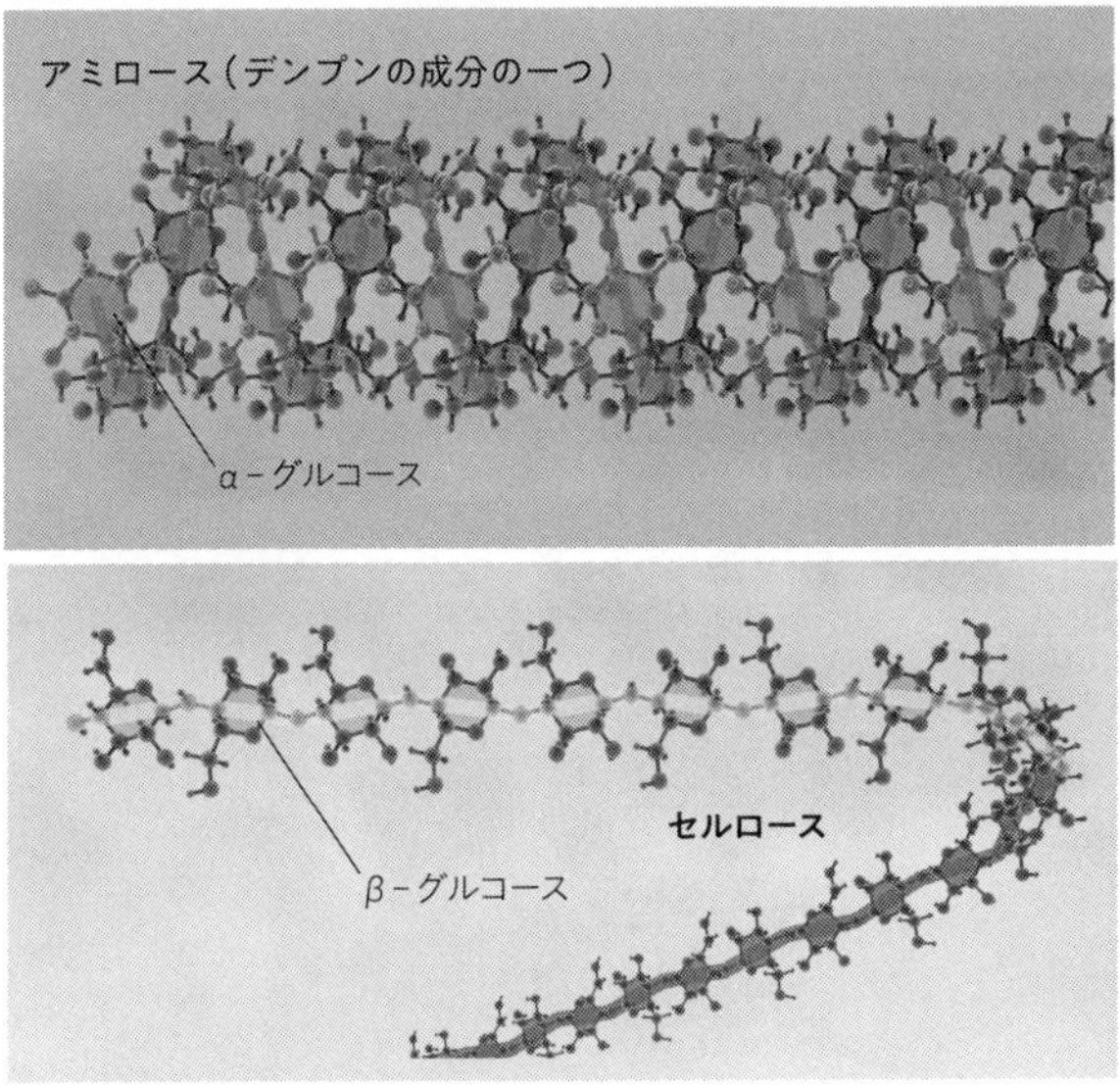

図6-14　デンプンとセルロース

クトースの化学式は、まったく同じ「$C_6H_{12}O_6$」です。つまり、原子の種類や数はまったく同じです。しかし、フルクトースはデンプンにはなりません。両者は原子のつながり方がことなるために、特徴がちがっているのです。このような関係にある化合物どうしのことを「異性体」といいます。

　グルコースがたくさんつながった分子にはデンプン

のほかに、木の幹の主要成分である「セルロース」とよばれる分子もあります。セルロースはデンプンとちがって人の体でほとんど消化できません。頑丈でかたい構造をつくりだす分子です。セルロースとデンプンは、まったく同じ原子でできていますが、グルコースの分子のつながり方がちがいます。このように、ほんのわずかなちがいから、さまざまな性質の有機物が生みだされているのです。

元素の数が多い複雑な分子ほど、異性体の数も多くなります。たとえば、炭素原子10個と水素原子22個からなる有機物（$C_{10}H_{22}$）の異性体の数は75種類あります。炭素原子20個と水素原子42個からなる有機物（$C_{20}H_{42}$）の異性体の数は36万6319種類、炭素原子30個と水素原子62個からなる有機物（$C_{30}0H_{62}$）の異性体の数は41億1184万6763種類にものぼります。このように、異性体は有機物が無数に存在する理由の一つになっているのです。

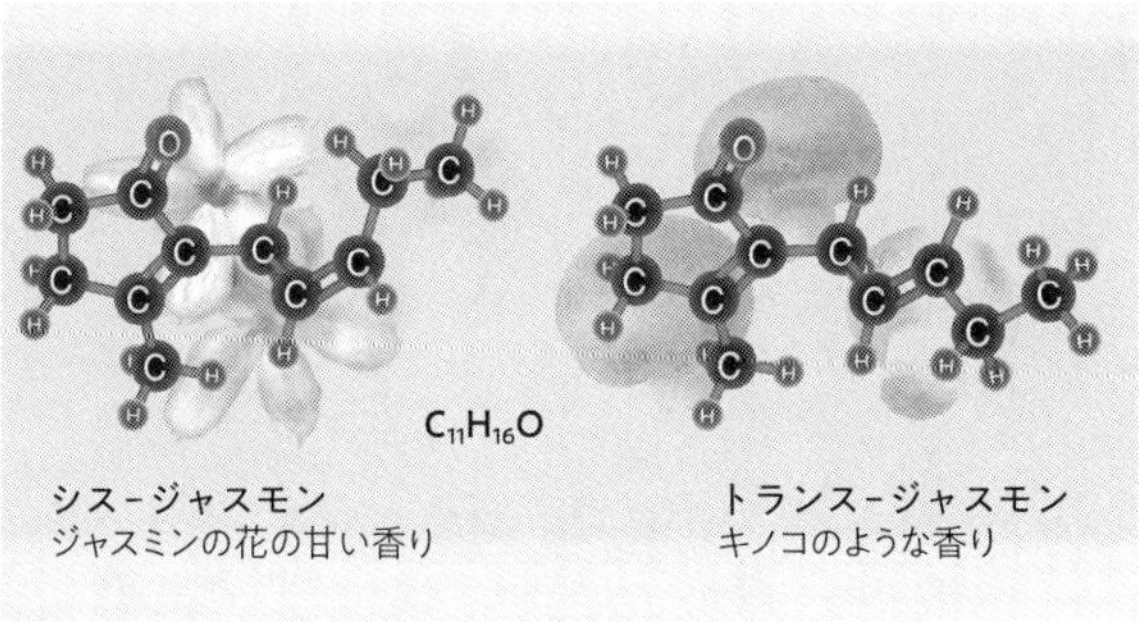

図6-15　シス-ジャスモンとトランス-ジャスモン

異性体にはさまざまな種類がある

もう少し異性体について、見ていきましょう。「ジャスモン（$C_{11}H_{16}O$）」とよばれる有機物は、ジャスミンという花の甘い香りをつくっている物質です。このジャスモンにも異性体があり、それぞれ「シス－ジャスモン」と「トランス－ジャスモン」とよばれています（図６－15）。ジャスミンの花から見つかるのはすべてシス－ジャスモンです。トランス－ジャスモンはキノコのような香りがします。

図６－15の分子構造を見てください。ジャスモンの分子構造の中には、二重結合があります。単

結合なら回転できるのですが二重結合は通常は回転できません。そのため、二重結合のつき方によって、異性体が生じます。二重結合の両側にある炭素が同じ側に置換基（炭素を含んだ部品）をつけているものを「シス型」、それぞれがことなる側につながっているものを「トランス型」といいます。そして、このような二重構造によってできる異性体のことを「シス－トランス異性体」といいます。

ほかにもとくに形が似ている異性体に、「鏡像異性体」があります。鏡像異性体というのは、分子の構造が左右対称の関係にある分子のことをいいます。まるでおたがいが鏡に映したような関係にあるのです。鏡像異性体の関係にある分子は、一見するとそっくりなのに、ちがう物質です。

たとえば、身近な例に、ミントに含まれる「メントール」の分子が知られています（図6-16）。自然のハッカの草は、メントールの鏡像異性体の片方だけをつくります。これは、ミントのさわやかな風味を感じる分子で、「L体」とよばれています。

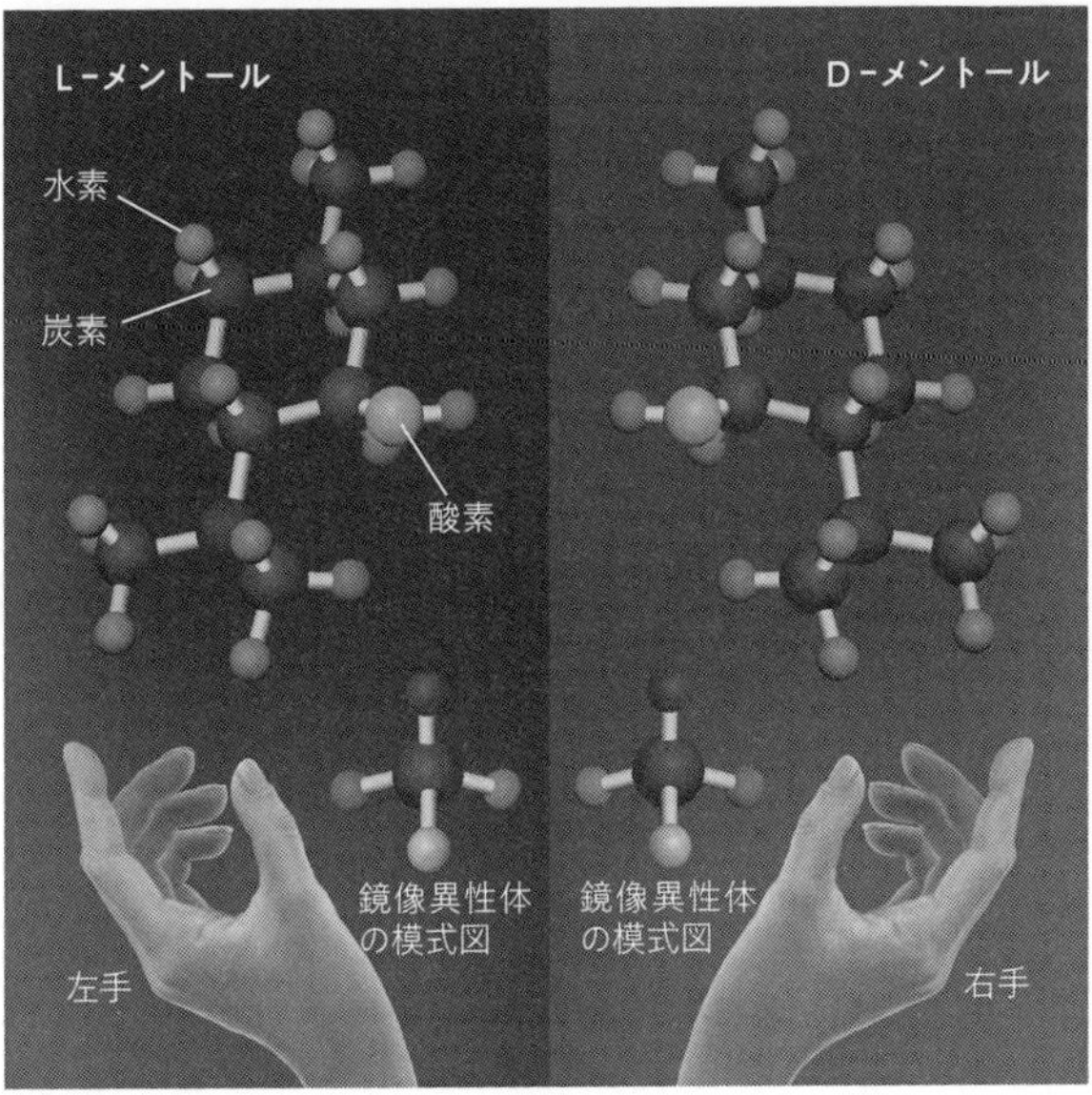

図6-16　メントールのL体とD体

一方、メントールを実験室でつくると、約2分の1の確率で、もう片方の分子もできます。これは消毒薬に似たにおいをもつ分子で、「D体」とよばれています。

L体とD体は、つくり方も、化学反応のしかたなどの性質もほぼ同じですが、別の物質です。左手と右手のように左右対称で、両者をぴったりと重ねることはできません。

このような鏡像異性体は、沸点や融点などの性質は変わりません。しかし、立体的な構造がことなるため、ほかの物質にあたえる影響などがことなる場合があります。

とりわけ注意が必要なのは、鏡像異性体が生物にあたえる影響です。鏡像異性体が存在する有機物であっても、自然界にはほとんど片方の鏡像異性体しかないものがあります。たとえば、アミノ酸や糖などです。どちらも生物に欠かせない物質ですが、生物は基本的に一方の鏡像異性体だけしか利用していません。自然界にほとんどない方の鏡像異性体を生物が摂取すると、大きな影響を受ける場合があるのです。

鏡像異性体が引きおこした事件があります。１９５７年に睡眠薬として発売された「サリドマイド（$C_{13}H_{10}N_2O_4$）」には、Ｒ－サリドマイドとＳ－サリドマイドという鏡像異性体があります。前者は人が摂取すると眠気を引きおこす性質をもつのに対して、後者は妊婦が摂取すると胎児の手足や耳がそこなわれてしまったり不自由になってしまったりする性質をもちます。

しかし当時は、二つの鏡像異性体のもつ性質が明らかにされず、両者が混在したまま睡眠薬として発売されてしまったのです。その結果、妊婦の胎児が被害を受けるという薬害事件がおきました。この事件は、鏡像異性体の危険性を世界に知らしめるものとなりました。

細胞を構成する複雑な分子たち

ここからは、有機物がどのような場所でとくに活躍しているのかを見ていきましょう。

私たち人はもちろん、すべての生命の体は、「細胞」でできています。この細胞をつくるのは、さまざまな有機物です。リン脂質やＤＮＡ、タンパク質などの多種

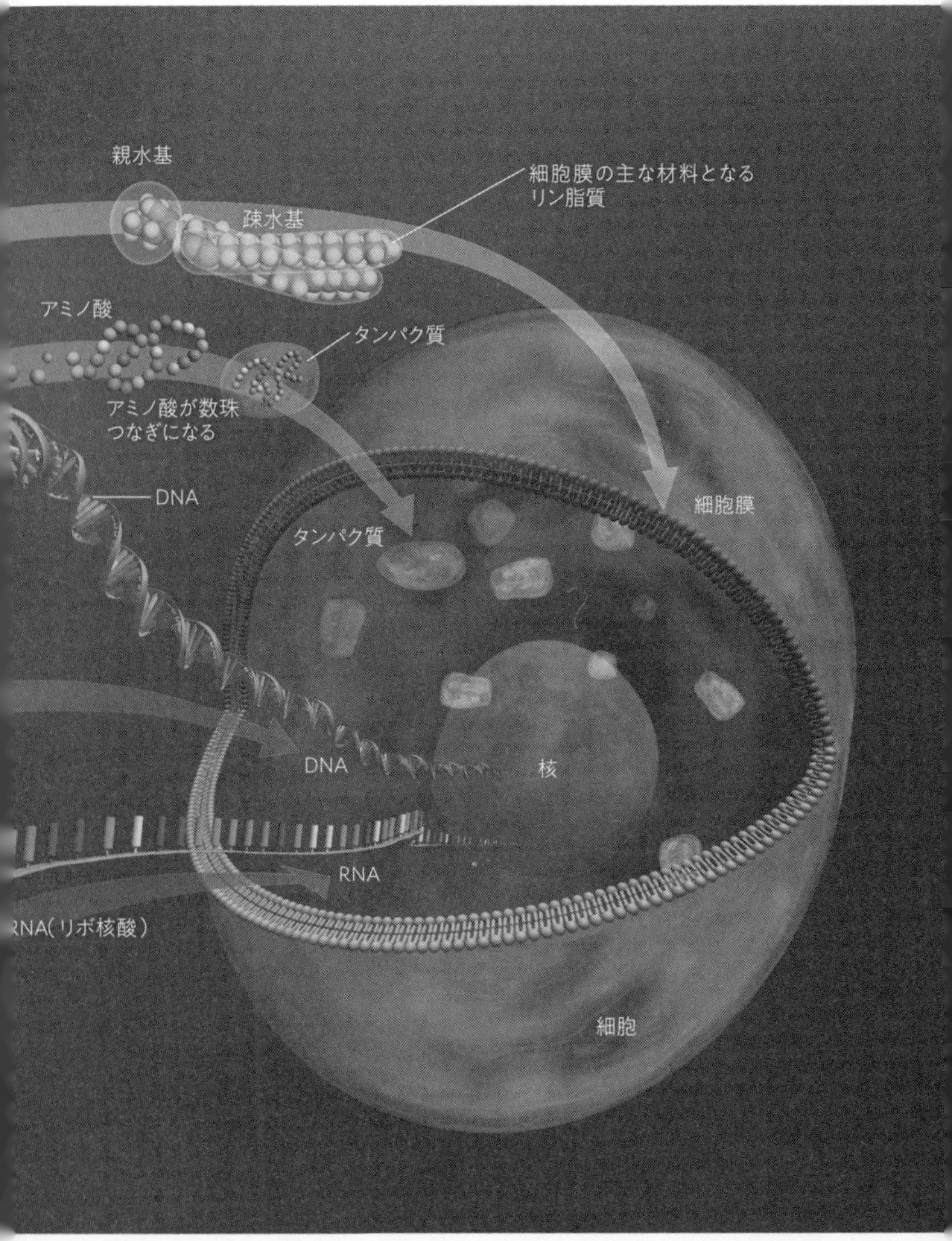
親水基
細胞膜の主な材料となる
リン脂質
疎水基
アミノ酸
タンパク質
アミノ酸が数珠
つなぎになる
DNA
細胞膜
タンパク質
DNA
核
RNA
RNA(リボ核酸)
細胞

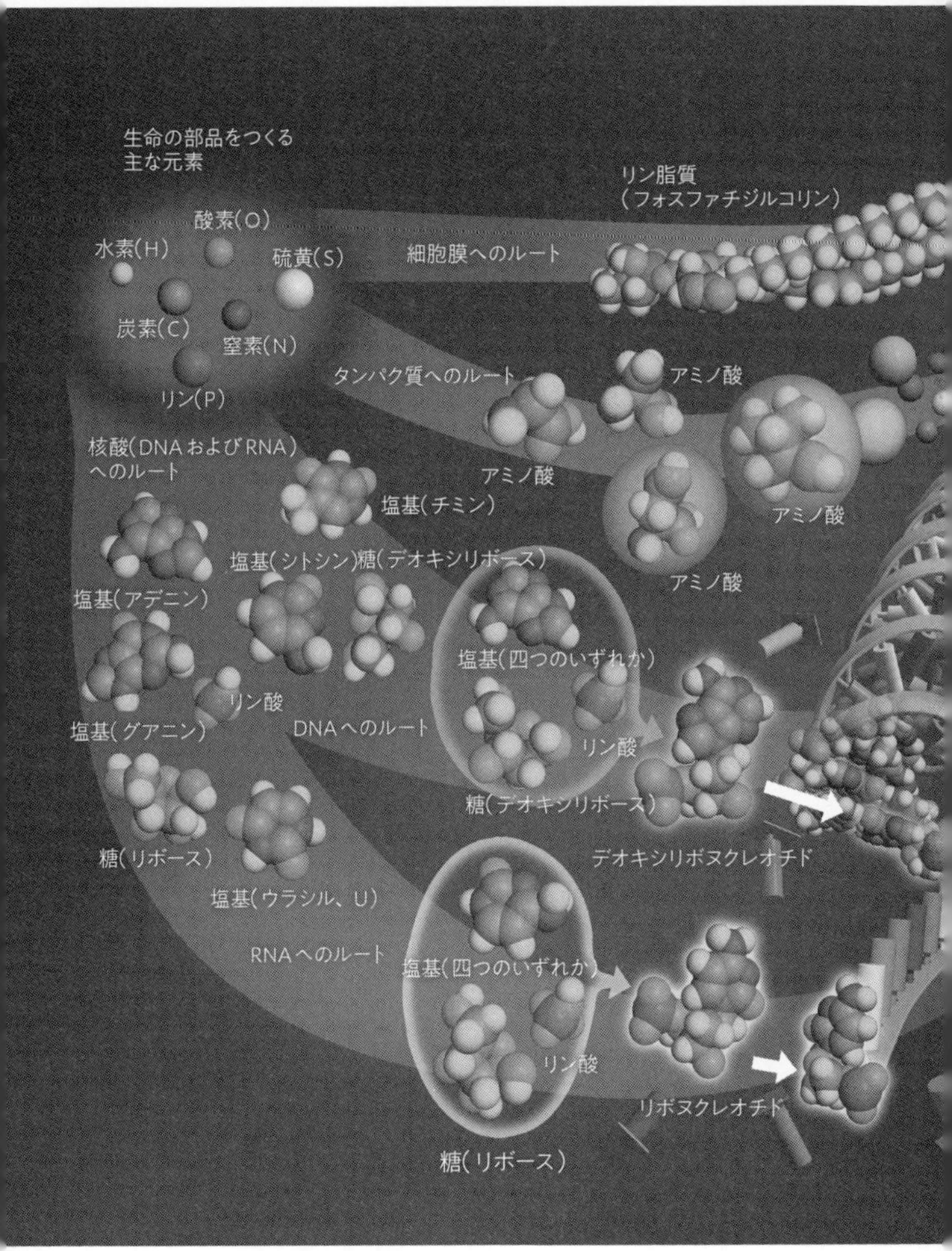

図6-17　細胞をつくる分子

多様な材料が組み合わさって、細胞はできています。

まず、ＤＮＡは遺伝情報を伝える生命の設計図です。４種類の「塩基」が並んだ構造をしています。第４章で見たように、２本の鎖が水素結合によってくっついて、二重らせん構造をとっています。細胞が分裂するときには、２本の鎖がほどかれて、それぞれのコピーがつくられることで、すべての細胞に同じＤＮＡが受けつがれていきます。

次に、タンパク質は、さまざまな生命活動を成立させたり、生命の体を構成したりする万能選手です。20種類の「アミノ酸」という小さな物質が数珠つなぎになってできる分子で、タンパク質ごとにことなる立体構造をもちます。

人の体の中には10万種類ほどのタンパク質があるといわれています。水を除いたときに人体で最も大きな重量を占めます。タンパク質は、人体の主要な構成材料というわけです。

また、タンパク質の中には、体内で必要な化学反応を促進する役割をになっているものもあります。このようなタンパク質は、「酵素」とよばれます。生命活動を維持するために、体内ではさまざまな化学反応がおきています。たとえば、食べたものを分解、吸収して、そこからエネルギーをつくりだす必要があります。酵素は、このような一連の化学反応を促進する、生命にとって欠かせない物質です。

さらに、体内の細胞どうしの「情報の伝達」の手段として使われるタンパク質や、ポンプのような役割をもつタンパク質、特定の物質を運ぶタンパク質などがあります。タンパク質は、生命活動を成立させるためにさまざまな役割をになう有機物なのです。

さて、リン脂質は、水の中で整列して、細胞の内外を隔てる細胞膜をつくる物質です。リン脂質は一つの分子の中に、水になじみやすい部分（親水基）となじみにくい部分（疎水基）をもちます。そのため、水となじみにくい部分を内側にして、2層に並ぶことで、水になじみやすい部分だけが水に触れるようになるのです。こうしてできるのが細胞膜です。

これらの複雑な生命の部品はすべて、炭素を中心に、水素、酸素、窒素などのわずか数種類の元素をもとにしてつくられています。

同じあぶらでも、バターは固体でオリーブ油は液体

つづいて、食べ物の油脂の話をしましょう。油脂とは、いわゆるあぶらのことです。

料理のときに使う、バターやオリーブ油はどちらも油脂です。でも、見た目はまったくちがいますよね。バターは常温で固体なのに、オリーブ油は液体です。なぜ一方は固体で、一方は液体なのでしょうか。

そもそも油脂とは、「グリセリン」という物質に、三つの「脂肪酸」という物質が結合した有機物のことです（図6-18）。脂肪酸は炭素の長い鎖でできており、油脂はまるで3本の足をもっているような構造をしています。そして、この足の部

分、すなわち脂肪酸の種類が、種類によってことなります。

バターとオリーブ油のちがいをもたらすのは、この脂肪酸の部分です。脂肪酸には大きく「飽和脂肪酸」と「不飽和脂肪酸」があります。両者は、炭素と炭素の間に二重結合があるかどうかがことなります。飽和脂肪酸には二重結合がなく、不飽和脂肪酸には二重結合があるのです。たとえば、「パルミチン酸」は二重結合のない飽和脂肪酸です（図6－19）。このような飽和脂肪酸はバターに多く含まれています。

一方、「オレイン酸」は二重結合がある不飽和脂肪酸です。このような不飽和脂肪酸はオリーブ油に多く含まれています。

両者の分子の形をくらべてみてください。まず、パルミチン酸は直線状をしています。そのため、油脂の分子どうしが密に接することができます。密に接した分子の間には、分子をひとまとめにする「分子間力」が強くはたらきます。これが、常温で溶けにくい（分子が動きにくい）、という性質につながるのです。バターには

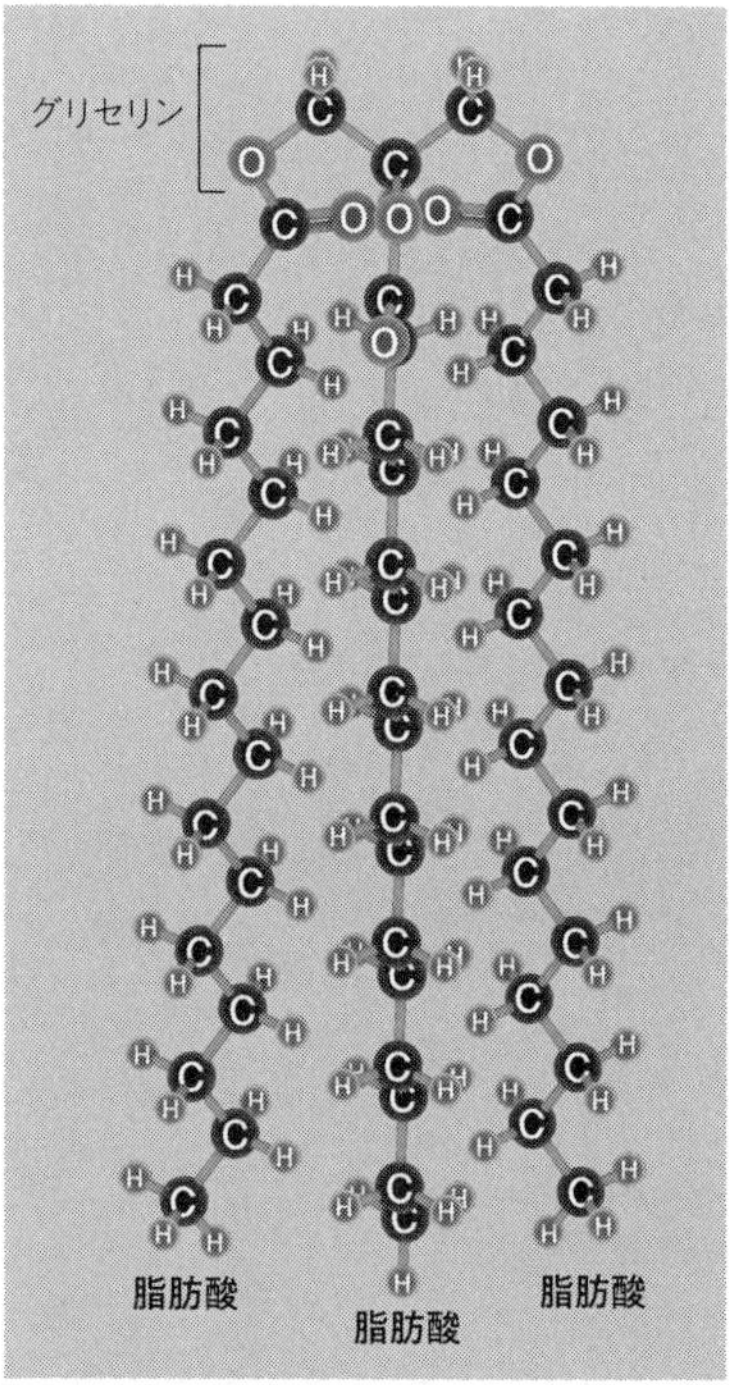

図6-18　油脂の構造

これらの飽和脂肪酸が比較的多く含まれているため、常温で固体なのです。

一方、不飽和脂肪酸の「オレイン酸」の中には二重結合があります。この二重結合のところで分子は折れ曲がるため、油脂の分子どうしは密接しにくく、分子間力もあまりはたらきません。そのため、油脂の分子どうしは比較的自由に動けます。オリーブ油には、これらの不飽和脂肪酸が多く含まれているので、常温で液体なのです。

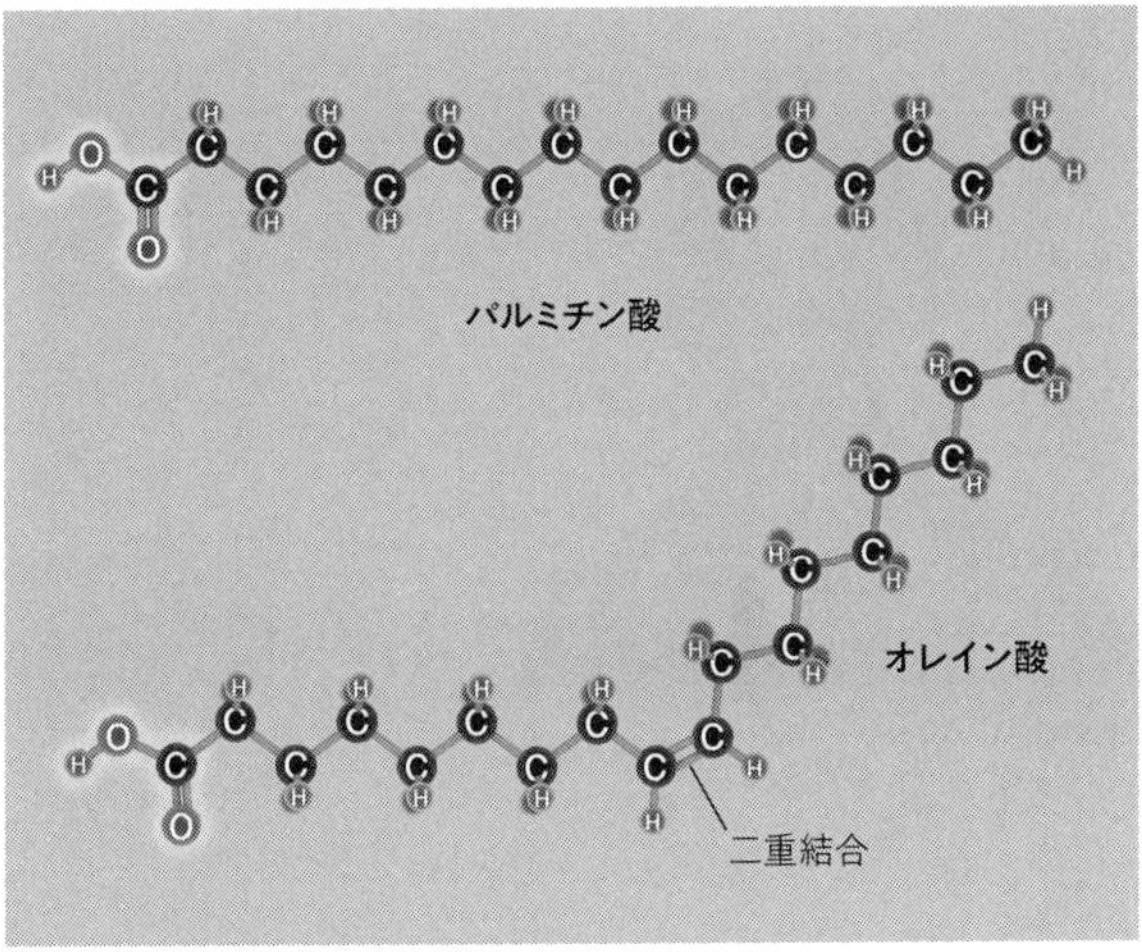

図6-19　飽和脂肪酸と不飽和脂肪酸

　オリーブ油のように、不飽和脂肪酸を多く含み、常温で液体の油脂を脂肪油といいます。ごま油や大豆油など、植物性油脂の多くは脂肪油です。また、魚由来の魚油も常温で液体です。種によってもことなりますが、これは魚油がドコサヘキサエン酸（ＤＨＡ）などの曲がった形の脂肪酸を多く含んでいるからです。ＤＨＡはとくにマグロや青魚に多く含まれています。マグロのトロを食べたときにまるでとろけるような食感がするのは、曲がった形の脂肪酸を豊富に含む魚油が、常温で液体だからなのです。

人工的に合成される有機物

有機物は天然に存在するものだけではありません。今やさまざまな有機物が合成され、私たちの生活に欠かせないものとなっています。

19世紀はじめまで、化学者たちにとって有機物は「生命がつくりだすもの」でした。有機物は決して人工的にはつくれないと考えられていたのです。しかし、１８２８年、ドイツの化学者、フリードリヒ・ヴェーラー（１８００～１８８２、図６－20）は、無機

図6-20　フリードリヒ・ヴェーラー

物であるシアン酸アンモニウムの水溶液を熱することで、「尿素」という有機物を合成することに成功しました。[※1]これは当時の常識をくつがえすものでした。ヴェーラーの実験によって、無機物から有機物が合成できることがはじめて明らかになったのです。

以後、化学者たちは有機物を人工的に合成し、あやつるようになりました。とくに人工的に合成された、鎖状の長い有機物であるポリマーでできたものは、私たちの身のまわりで大活躍しています。第１章でも紹介したプラスチックは、ポリマーの代表格です。ポリマーは高分子ともいわれ、モノマーという小さな分子を数万〜十万個つなぎあわせてつくられます。

＊１　尿素は炭酸のアミドで、炭酸は有機物に含まれません。このため尿素を有機物とするかどうかの議論があることを、知っておくとよいでしょう。原料のシアン酸アンモニウムは、次の式のように、加熱によりアンモニアとシアン酸に化学分解し、その後尿素になります。

$$NH_4OCN \rightarrow NH_3 + HOCN \rightleftarrows (NH_2)_2CO$$

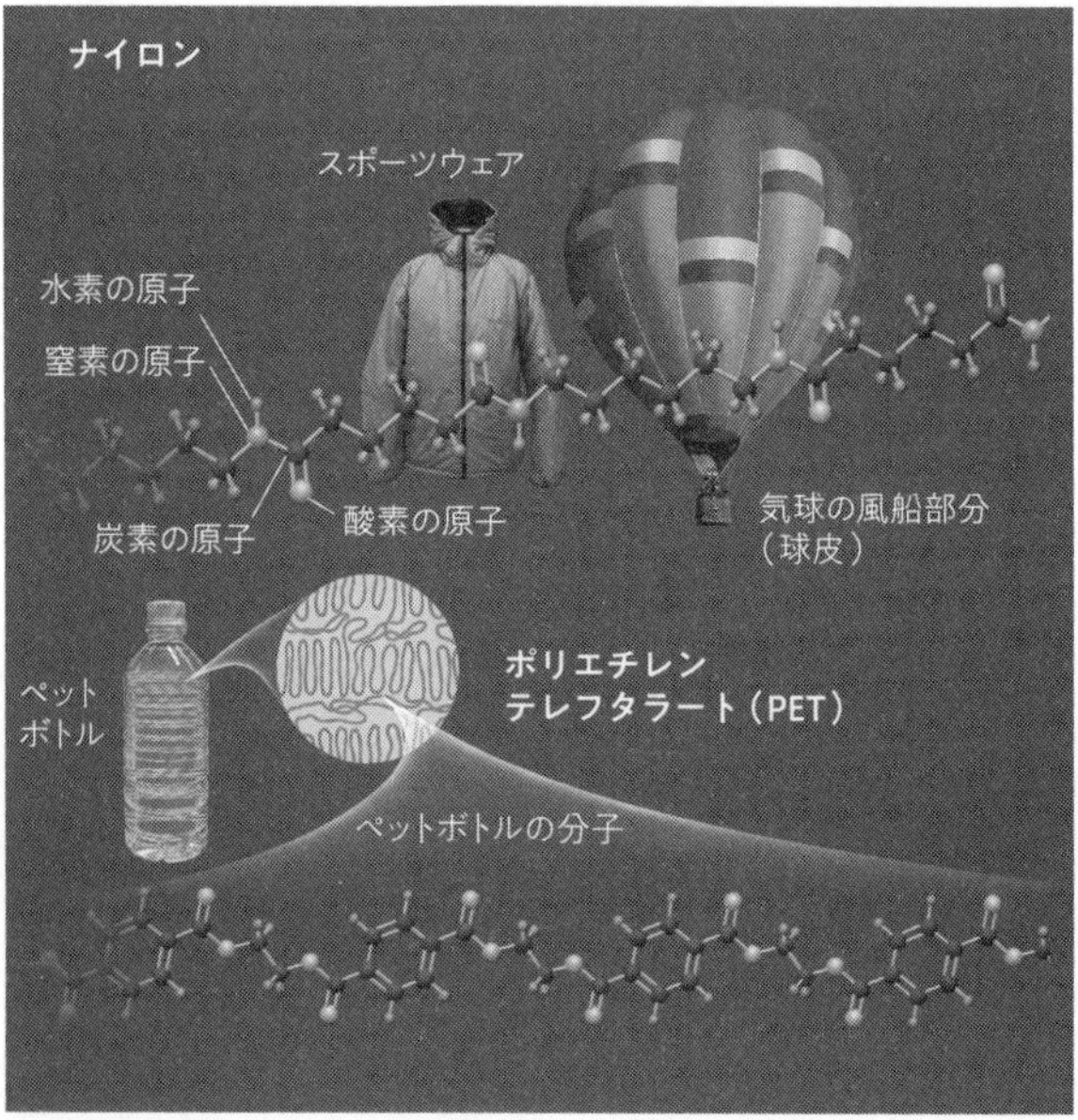

図6-21　ナイロンとペットボトル

初期のポリマーには、世界初のゴム、ポリクロロプレンや、世界初の合成繊維、ナイロンがあります。

現代では、ビニール袋にペットボトル、発泡スチロール、輪ゴム、タイヤ……、枚挙にいとまがないほど、さまざまな場面で有機物のポリマーは活躍しています。

表6-1　身のまわりにあるさまざまな高分子

ナイロンやペットボトル以外にも、身のまわりのさまざまな場所でポリマーが利用されている。その内の一例を見てみよう。

製品など	使われている高分子の名前	高分子の性質
ビニール袋	ポリエチレン	最も単純なポリマー。リサイクルマークにPEと書いてある。
水族館の水槽の壁	ポリメタクリル酸メチル	非常に固く、透明。大きな水圧がかかる大水槽に使われる。
発泡スチロール	ポリスチレン	内部で無数の気泡を発生させて発泡スチロールにする。体積の98%が空気。
接着剤	エポキシ樹脂	二つの物質をまぜると、化学反応しがんじょうな樹脂になる。
水道管など	ポリ塩化ビニル	燃やすとダイオキシンが発生する。ダイオキシンの発生を低くおさえる焼却方法が開発された。
CD-ROM	ポリカーボネート	ほかのプラスチックにくらべ、透明で衝撃に強い。
焦げ防止フライパン	ポリテトラフルオロエチレン	フッ素樹脂ともよばれている。化学薬品や高温に強い膜をつくる。
輪ゴム、タイヤ	ポリイソプレン	ゴムの木からとれる天然ゴムもポリイソプレンからなる。ともに利用されている。

　これらのポリマーの主な原料となるのは、「石油」です。プラスチックなどのポリマーも、ほかの有機物と同じく、基本的には炭素、酸素、水素などの元素でできています。そう聞くと、水や二酸化炭素など、身近な物質にも同じ元素が含まれていますから、これらを原料にしてもポリマー

をつくれそうに思いませんか。なぜ、わざわざ石油を原料にしなくてはいけないのでしょうか。

その理由は、石油が〝高いエネルギー〟をもっているからです。石油のエネルギーは、炭素と炭素の結合にたくわえられています。石油を燃やすと、二酸化炭素や水ができ、さらに熱や光が生じます。実はこのとき、炭素と炭素の結合が切れて、別の結合に変わることで、余ったエネルギーを熱や光として放出しているのです。つまり、熱や光が放出される分、二酸化炭素や水にたくわえられたエネルギーは小さいのです。

プラスチックの分子も、石油と同じくらい高いエネルギーをもっています。そのため、二酸化炭素からプラスチックをつくる場合、大きなエネルギーを外からあたえなければなりません。もともと高いエネルギーをもつ石油を原料にする方が、より少ないエネルギーでプラスチックなどをつくることができるのです。

薬となる有機物が合成されている

有機化学は、薬の開発にも欠かせません。

人々は、３５００年以上も前から、さまざまな薬草を見つけ、利用してきました。しかし、もし、ほしい成分を人工的に合成できれば、植物を利用せずに、短期間で薬をつくることができます。20世紀に入って有機化学が発展するにつれ、さまざまな天然の有機物の構造が調べられ、合成されるようになっていきました。たとえば、鎮痛薬の「アスピリン」は、ヤナギの樹皮から取りだされた「サリシン」という物質を改良して１８９７年につくられました（図６－22）。サリシンにも鎮痛作用はありますが、胃腸が荒れるという副作用がありました。アスピリンは、この副作用が弱まり、広く普及しました。現在でもさまざまな鎮痛薬にアスピリンが入っています。

それから、熱帯の伝染病であるマラリアの特効薬に、「キニーネ」があります（図

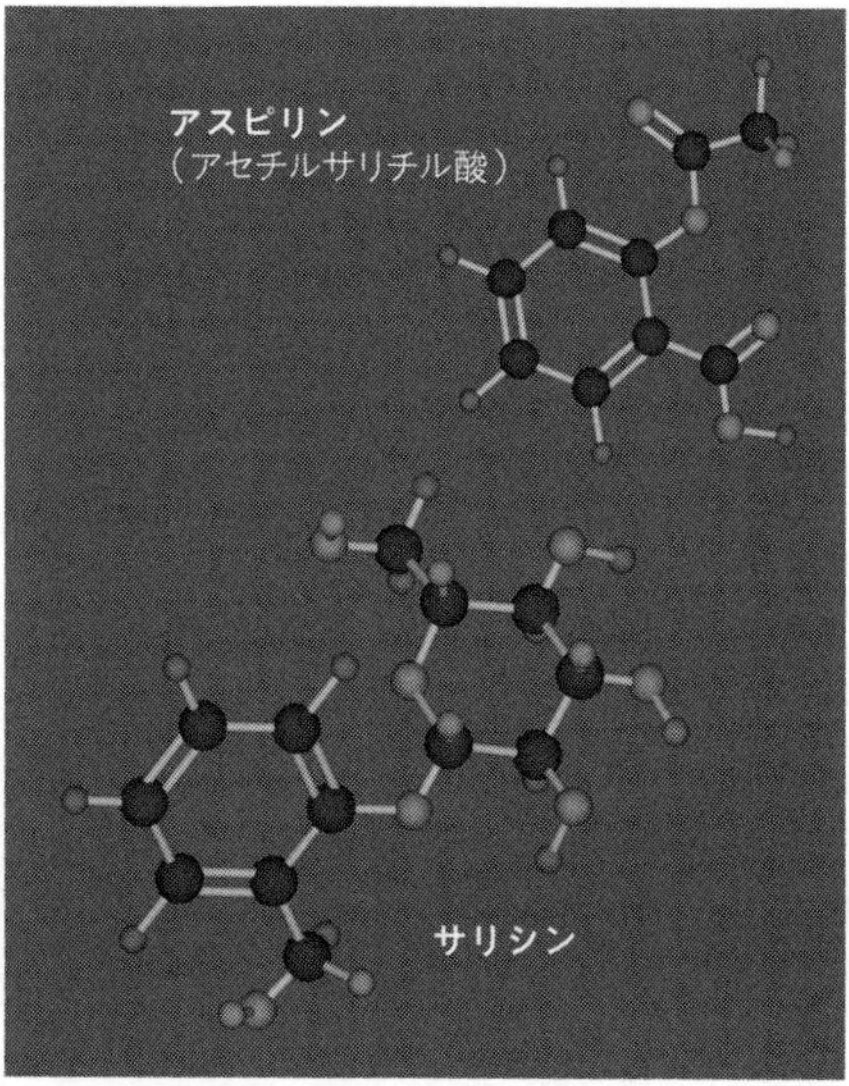

図6-22　アスピリンとサリシン

6-23）。もともとキナノキという樹木に含まれている物質ですが、キナノキに頼らずに合成する方法が早くから研究され、成功しています。

また、最近開発された例でいうと、インフルエンザの薬タミフルは、ハッカクという樹木の実から取りだしたシキミ酸という成分をもとにつくられています。なお、ハッカクにたよらずに合成する方法も開発されています。

このように薬の開発は、自然界に存在する物質をベースにして進展してきました。しかし近年では、コンピューターを利用して、新しい薬品を一から設計する手法も発展しています。コンピューターを使って、病気に効く化合物の候補を探したあとで、実際に合成して試験するのです。

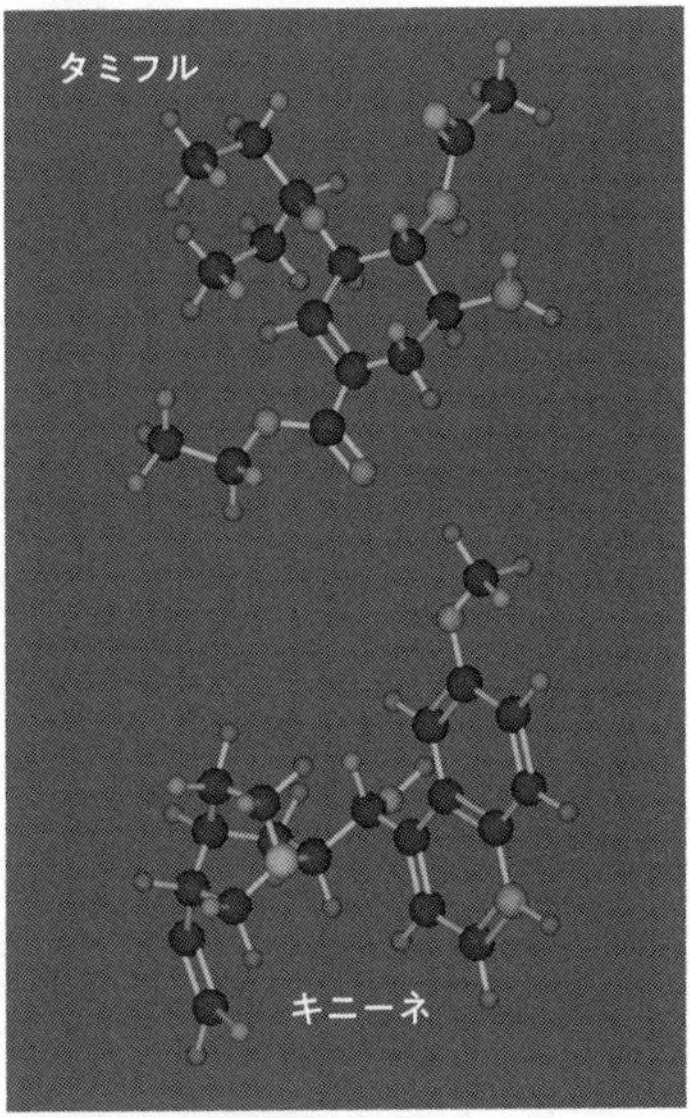

図6-23　タミフル

発展をつづける有機化学

ラボアジエが18世紀末に元素を提案してから、19世紀の１００年間で有機化学は確立していきました。そして20世紀に入ると、プラスチックなどの石油製品や薬

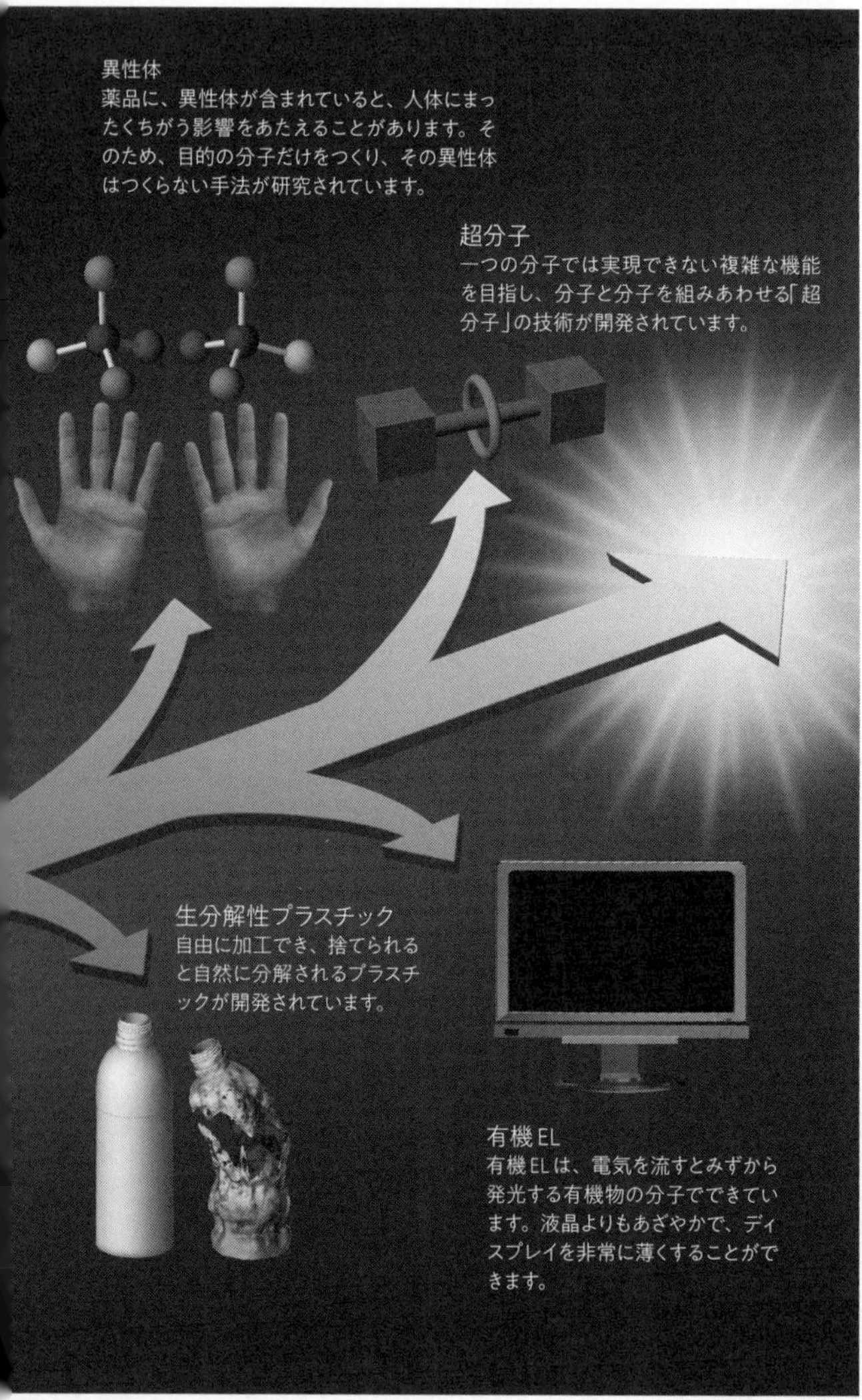
異性体
薬品に、異性体が含まれていると、人体にまったくちがう影響をあたえることがあります。そのため、目的の分子だけをつくり、その異性体はつくらない手法が研究されています。
超分子
一つの分子では実現できない複雑な機能を目指し、分子と分子を組みあわせる「超分子」の技術が開発されています。
生分解性プラスチック
自由に加工でき、捨てられると自然に分解されるプラスチックが開発されています。
有機EL
有機ELは、電気を流すとみずから発光する有機物の分子でできています。液晶よりもあざやかで、ディスプレイを非常に薄くすることができます。

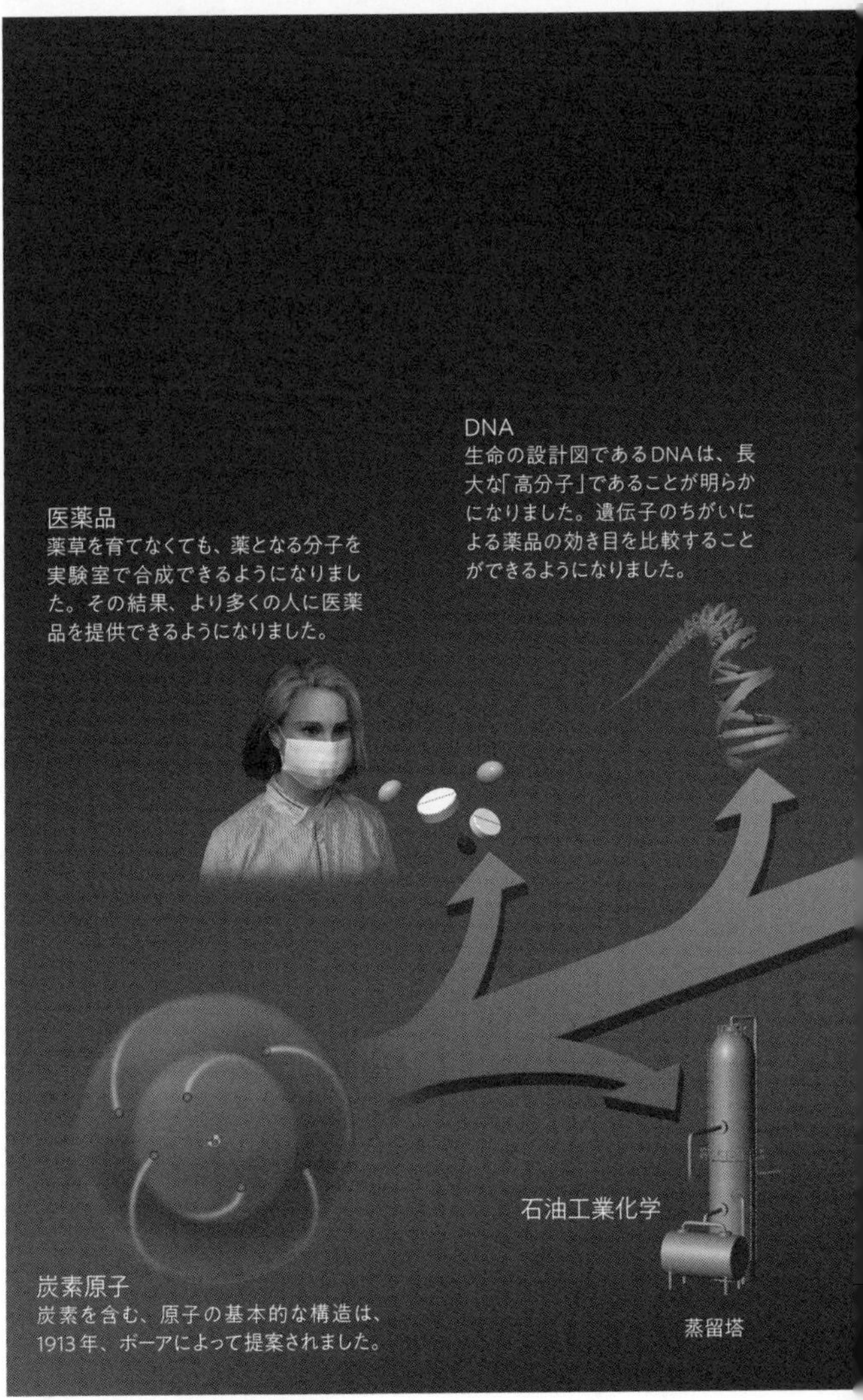

図6-24　発展する有機化学

品、液晶ディスプレイなど、さまざまなものに有機化学が利用されるようになりました。しかし有機化学によって、生活が便利になった一方で、プラスチックの環境問題につながったり、異性体を含んだ医薬品が人体に害をあたえたりするなどの問題もおきました。

でも、その問題を解決するのも有機化学です。現在、ゴミ問題に対しては、微生物に分解される生分解性プラスチックの開発や、リサイクル技術の普及など、さまざまな対策がとられています。持続可能な社会（ＳＤＧｓ）を実現していくためにも化学は必要なのです。

また薬品については、さまざまな異性体をつくり分ける手法が研究されています。それから現在では、コンピューターで設計した分子の性質を、分子の構造から予測したり、目的に応じて設計した分子を実際につくりだしたりすることが可能になりつつあります。

さらに、分子をつくるだけではなく、つくった分子をいくつも組みあわせた超分子の化学が期待されています。超分子に一つの分子では実現できない複雑な機能をもたせる研究が進められています。決まった分子だけをとらえるセンサーや、微量の薬を包みこんで患部に届けるカプセルなど、さまざまな応用が期待されています。化学の可能性は、今なお広がりつづけているのです！

Staff

Editorial Management　中村真哉
Editorial Staff　井上達彦
Cover Design　岩本陽一
Design Format　村岡志津加（Studio Zucca）

Illustration

21~89	Newton Press	159~165	Newton Press
93	浅野 仁	168	小﨑哲太郎
95~97	Newton Press	170	小林 稔
102~103	矢田 明	172~201	Newton Press
105~155	Newton Press	202	小﨑哲太郎
156	吉原成行	204~211	Newton Press

監修（敬称略）：
桜井 弘（京都薬科大学名誉教授）

ニュートン新書
化学 超入門！
すべては化学でできている

2023年5月15日発行

発行人　高森康雄
編集人　中村真哉
発行所　株式会社 ニュートンプレス
〒112-0012東京都文京区大塚3-11-6
https://www.newtonpress.co.jp/

ISBN978-4-315-52697-4